化学産業における
実践的MOT

第2版

事業化成功事例に学ぶ

一般社団法人 近畿化学協会
化学技術アドバイザー会 技術経営（MOT）研究会

編著

化学工業日報社

第2版によせて

2018年10月に一般社団法人近畿化学協会 化学技術アドバイザー会「MOT研究会」会員の総意によって本書の初版が出版された。そのときに編集委員長として大変ご尽力された近藤忠夫氏（元 株式会社日本触媒 代表取締役社長）が、2020年4月に急逝された。痛恨の極みである。研究会会員を代表して茲に改めて心からの哀悼の意を表したい。

初版を出版した趣旨・目的は、「主としてMOTの視点から、化学産業の研究開発の生産性向上、すなわち研究開発から事業化への成功確率の向上を目指し、研究開発から事業化に至った事例を取り上げ、解析・検討することによって、成功の主要因（KSF）を抽出する」ことであった。

出版後、数名の購読者から「これまでのMOTというと機械・電気などの産業を主体としてきており、化学産業にいる者として本書籍は化学業界のMOTを体系的・具体的に学べる良書となっている。・・・各企業の成功事例は・・その裏話がプロジェクトXのように垣間見えて興味深い。」などの書評がWeb書店等のレビューに寄せられている。初版では事例として20例を掲載したが、その後の上述の「MOT研究会」における各社からの講演による事例も積み重なり、ここに第2版を出版することになった。

また、初版の書籍をテキストに用い、主として大学院生を対象にした13名前後の執筆者を講師とする集中講義（90分講義を15回開催）も3年目に入り、受講生から「近い将来、企業での研究開発業務に従事する上で非常に有用な予備知識が得られた」など好評を博している。初版、そして今回の第2版が、種々の国際的な比較データから「この20年で日本の研究力は衰退した」と評される現状に鑑み、激動する世界における日本の化学産業の更なる発展に少しでもお役に立つことをMOT研究会会員一同心から願って止まない。

第 2 版の出版に当たり、積極的に事例提供に協力頂いた各企業の関係者の方々に、そして大変なご尽力を頂いた化学工業日報社　営業企画局出版担当・増井 靖氏に厚くお礼を申し上げます。

2024 年 4 月

一般社団法人近畿化学協会
MOT研究会・編集統括
渡加 裕三
（初版編集委員長）

はじめに

　第2版の出版に当たり、MOT研究会に編集委員会を設け、出版の趣旨・目的および構成等について議論し、以下の編集方針を決めた。

　初版は、化学産業の技術経営に特化し、技術経営に関する基本的な事項と、開発研究から事業化に至った数多くの事例で構成され、読者に技術経営の理解と、実践的なアイデアを得ていただけるよう配慮した点に大きな特徴があった。この点に関して第2版でも継承する。

　初版（2018年）から約5年が経過し、化学産業を取り巻く環境が大きく変化した。そこで第1部で掲載した各章はより最新のデータを用いて内容を更新した。加えて以下の四つの章を追加した。第4章「研究開発の成果を事業化に活かすための知財体制構築」、第7章「イノベーション創出のためのステージゲート法の実践」、第8章「化学企業におけるDXの取り組み」などである。新たに追加した内容でこれからの技術経営の理解と実践で大いに役立つと考えている。また、技術経営の理論とは異なるが、第9章として「大学におけるMOT教育」を追加した。大学における技術経営教育の目的、目標、具体的なカリキュラム等を知る一助となれば幸いである。我が国の技術革新と新規事業の創出を促進する上で、産学の連携は益々重要になってきている。技術経営についても相互に意見交換できる機会をつくり、有為な人材の育成に寄与できればと思う。

　第2部の事例の編集には大いに頭を悩ました。初版発行以来、当研究会で研究していた事例が数多くあり、これらを初版の20事例に追加するとかなりの大部になってしまう。そこで第2版には新規の事例のみを掲載し、初版の20事例は出版元である化学工業日報社のウェブサイト内の本書案内ページにて閲覧できるようにした。これにより読者はより多くの事例から技術経営を学ぶ機会が増える。

　本書が化学産業において技術経営に関心のある方々や、将来、化学産業界で活躍しようと考えておられる学生諸君のために少しでも役に

立てれば幸いである.

2024 年 4 月

一般社団法人近畿化学協会
MOT研究会主査・編集委員長
神門　登

目 次

第1部 日本の化学産業における研究開発を中心としたMOT（技術経営）

第3章	研究開発テーマの実行における マネジメント ……………… 59

第7章 イノベーション創出のための ステージゲート法の実践 ‥‥‥‥ 103

第8章 化学企業における DXの取り組み ‥‥‥‥‥‥‥ 113

第9章 大学における MOT教育 ‥‥‥‥‥‥‥‥‥‥‥ 125

第2部 研究開発から事業化に至った事例から成功要因(KSF)を学ぶ

日本の化学産業における 研究開発を中心とした MOT（技術経営）

第1部

第1章

日本の化学産業の発展の歴史と今後の展望・課題

1-1. 日本の化学産業の発展の歴史[1)]

　世界の近代化学産業はイギリスの産業革命を起源にスタートし、19世紀半ばに無機化学工業が生まれ、その後、ドイツで石炭化学工業が台頭してきた。19世紀後半から20世紀初期にかけて、電気化学・カーバイド製造（アセチレン化学）、およびハーバー・ボッシュによるアンモニアの直接合成法の成功（BASF社）によって肥料工業や火薬工業などが発展した。さらに20世紀前半には高分子化学をベースに合成繊維、合成樹脂、合成ゴムなどが製造され、第二次世界大戦の勃発による軍需で工業化が加速された。

　第二次世界大戦後は石油を原料とした新しい化学工業が米国を中心として発展し、現代に繋がる石油化学工業が展開してきた。石油、天然ガスを豊富に産出する米国が石油化学工業の発展と共に急速に世界の化学工業の主導的地位につくようになってきた。

　このような世界の化学産業の発展の流れの中で、日本の化学産業は江戸時代末（18世紀半ば）にオランダより化学教育が導入され、明治初期（19世紀後半）に鉱山業の発展と共に無機化学工業の導入が始まり、その後、20世紀初期にかけて、肥料工業、資源豊富な石灰石と水力発電をベースにしたカーバイド工業、製鉄工業系による石炭化学工業などが発展してきた。

　第二次世界大戦後、1950年代になって日本の石油化学工業が幕開

けした。その後、石油化学工業は急速に発展し、高度成長の波にも乗って拡大を続けた。しかしながら高度成長のひずみとして大気汚染、廃棄物、排水などの環境問題が深刻化し、各地で公害被害が発生した。さらに1970～1980年にかけて2回にわたる石油危機以降、日本の石油化学体制の構造問題が浮き彫りとなった。その結果、石油化学企業は収益性の低い汎用化学製品から収益性の向上を目指して機能性化学品・材料への転換を進めてきた。さらに石油化学業界の再編が加速し、日本の化学企業は事業のグローバル展開を推進し始めた。

1-2. 日本の化学産業の現状[2)]

　今日の化学産業は主に石油を原料として、化学品、合成樹脂、合成繊維、合成ゴム、塗料、接着剤、化粧品、洗剤、電子材料など幅広い分野の製品を生み出し、私たちの生活に役立っている。化学製品は直接消費者に販売される最終消費財としてより、いろいろな分野の産業中間材として利用されることが多い。

　日本の化学産業の経済規模は、まず国全体の化学工業出荷額を2020年の世界で比較すると、第1位が中国（2008年に米国を抜く）で1兆4,336億ドル、第2位が米国で4,648億ドル、第3位が日本で1,827億ドル（ちなみにドイツは第4位で1,773億ドル[注1]）であり、また、国内の他産業と比較すると、出荷額は44兆円（2020年）で製造業全体の15%を占め、輸送用機械器具産業（主に自動車産業）に次いで第2位、付加価値額は18兆円（2020年）で製造業全体の18%を占め、同様に第2位である。その他就業者数は92万人（2020年）、

[注1]「数字とグラフでみる日本の化学工業」（2023年12月, 日本化学工業協会）では、2021年に日本とドイツの順位が逆転し、第3位がドイツで2,145億ドル、第4位が日本で1,889億ドルと報告されている。

研究開発費は 2.6 兆円（2020 年）、設備投資額は 1.8 兆円（2021 年）、海外生産比率は 18%（2020 年）である。このように日本の化学産業は製造業全体の中で各種産業に素材提供者として大きな役割を果たしており、確固たる地位を占めている。

化学産業界では一般社団法人日本化学工業協会が主導して、"自主的に「環境・健康・安全」を確保する活動を推し進め、その成果を公表し、社会との対話・コミュニケーションを行う"レスポンシブル・ケア活動を推進・展開してきたが、2016 年 12 月に、新たに「環境・健康・安全に関する日本化学工業協会基本方針」を制定し、経営層自らが積極的に関与して、ライフサイクル全体において環境・健康・安全を確保する活動を一層推進していくことを目指している。

日本の化学産業の国際的な位置付けをみると、2020 年の世界の化学企業（医薬品を除く）売上高ランキングでは、三菱ケミカルホールディングス（現 三菱ケミカルグループ）の 8 位が最高位で、その他の日本の化学企業としては、住友化学 16 位、東レ 17 位、信越化学工業 18 位、三井化学 25 位であり、概して日本の化学企業の売上高は小さく、それ以上に営業利益の低さが目立つ。

日本の化学産業の製品力・技術力は世界レベルで相対的に高く、特に機能性化学製品分野で顕著である。中でも情報・電子分野、自動車・航空機分野などにおける機能性材料では、例えば、液晶ディスプレイ用偏光板保護フィルム、フォトスペーサー、シリコンウェハー、各種半導体材料、リチウム電池材料、炭素繊維など、高い世界シェアを誇ってきた。生活・日用品分野、健康・医療分野では、各種界面活性剤、高吸水性樹脂、健康食品、医薬品・医療材料なども押し並べて高いレベルであり、その他環境・省エネ技術においても海水淡水化技術、各種公害防止技術など世界をリードしてきた。そのような機能性化学品・材料を製造・販売している多くの化学企業は業績も相対的に好調である。このように日本の機能性化学品・材料は世界で高いシェアを誇り、顧客産業のイノベーションをリードし、そのグローバル化に対応して

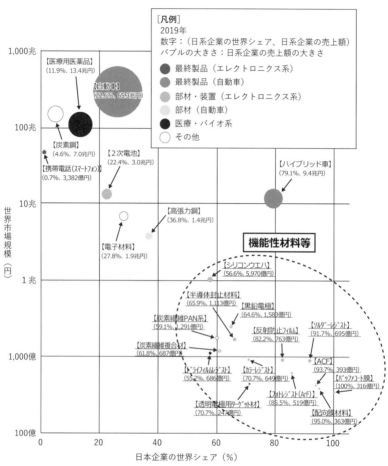

資料：新エネルギー・産業技術総合開発機構「2020年度日系企業のITサービス、ソフトウェア及びモノの国際競争ポジションに関する情報収集」調査結果を基に経済産業省作成

【図1-1】日本の化学企業のポジション（機能性材料等を中心に）

世界レベルで事業展開を進めてきた（**図1-1**参照）。しかしながら、最近ではこのような日本の化学産業の優位性は韓国、中国、台湾などに追い上げられてシェアを大きく落としつつある。このような状況を打破していくには、日本の化学企業は強い事業に集中し、オープンイノベーションなどによって外部ソースを積極的に活用しスピーディな技術開発を推進して、より先進的な機能性化学品・材料事業をグロー

バルに展開していくべきであろう。

　一方、汎用化学製品分野に目を向けると、今日本各地の石油化学コンビナートでは再構築・縮小均衡の嵐が吹きつつある。北米のシェールガス・オイル生産の本格化や中国経済の減速などによる供給過剰が原因で、日本の石油化学コンビナートの競争力は失われつつある。日本の化学企業が汎用化学製品の分野で競争力を上げていくためには、例えば住友化学のラービグ・プロジェクトのようにグローバルに競争力のある原料立地の事業展開を推進していくべきであろう。

1-3. 日本の化学産業の将来展望[3)]

　今まで述べてきたような日本の化学産業を取り巻く環境の変化にどのように対応していくべきかを考察していきたい。そのためには今起こりつつある変革をもう少し整理する。

　まず化学産業の原料について、主原料としての石油の地位はまだ続くとは思うが、大きな流れとして、シェールガス・オイル、天然ガス、石炭などの化石資源や、再生可能なバイオマスなどのシェアが少しずつ上がって、原料の多様化が進展していくものと思われる。

　その中で最近注目を集めてきているシェールガス・オイルとその影響「シェール革命」について少し詳述する。シェールガス・オイルは頁岩（シェール）の岩盤層に含まれる天然ガス・オイルで、2000年頃から北米を中心に採掘され始め、米国は2014年には石油・天然ガス共にほぼ世界一の産出国になった。今まで米国の化学産業は世界各地の石油資源を求めてグローバルに事業展開をしてきたが、ここにきて国内回帰が始まっており、競争力を回復してきている。シェールガス・オイルの生産・供給の本格化によって、世界の石油・天然ガスの供給過剰が顕著となり、石油・天然ガスの価格が下落してきている。その影響でOPEC（石油輸出国機構）諸国やロシア等の資源国の経済は大きなダメージを受けている。日本の石油化学産業も今後さらに大

きな影響を受けるものと予想され、石油化学コンビナートの再編成・縮小均衡が既に始まっている。このような状況の中で、日本の化学企業も積極的にシェールガス・オイルを求めて米国で石油化学事業を拡充しようという動きを起こし始めている。例えば、信越化学工業は塩化ビニル事業強化策として、米国でエタンクラッカーの建設を決定し、三菱ケミカルは米国でエチレン法 MMA モノマー設備建設計画を進めている。

　近年世界の化学系企業は統合・買収・売却をダイナミックに進めている（2 - 5. 節を参照）。最近の主な例として、ダウ・ケミカルとデュポンの統合合意（2015 年）、中国化工集団のシンジェンタ買収合意（2016 年）、バイエルのモンサント買収合意（2016 年）などを挙げることができる。その主な目的として、①スペシャリティケミカルのラインアップの拡充による収益拡大、②事業ポートフォリオの整理・改善によるコスト削減・収益拡大、③規模の経済の追及によるコスト削減などが挙げられる。日本の化学企業でも昨今 M&A（Merger & Acquisition：合併・買収）による事業の再編・統合が活発化し、優位性のある事業をさらに強化・拡大し、弱い事業の整理・売却を進めて事業ポートフォリオの改善に積極的に取り組みだしている。今後は同じ事業分野を持つ企業同士が連携・統合して世界レベルで競争力を高めていくことが求められよう。

　次に化学産業に関連する技術革新に着目してみると、近い将来に実用化が期待されている技術革新として、①次世代蓄電池（二次電池）技術、②有機系太陽電池技術・人工光合成技術、③燃料電池技術・水素エネルギー技術、④バイオテクノロジーの新展開（生体機能の応用技術、バイオミメティクスなど）、⑤再生可能炭素資源（バイオマス）を活用する有機合成化学、⑥ナノテクノロジーの展開（有機・無機・複合材料などのナノ化技術、ナノ化による新機能の発現、セルロースナノファイバーなど）、⑦新材料技術開発（プリンテッドエレクトロニクス、自己修復材料、軽量化材料、バイオミメティクス材料、生体

適合材料など）、⑧新反応プロセス技術の開発（マイクロリアクター技術、マイクロ波リアクター技術など）などを挙げることができる。これらの技術革新を促進し、新規事業の創生を促していくためには、産・学・官の共同研究開発や、オープンイノベーションを一層活発に推進していくことが求められよう。今後日本の化学産業の強みの源泉となりうる機能性化学品・材料開発のために必須となる革新的な技術開発へのさらなる挑戦とスピードアップには、狭量な自前主義から脱却し、上述のような共同研究開発・オープンイノベーションの推進を今まで以上にグローバルに推進・展開していくべきである。既存事業についても強い事業をさらに深耕・強化し、グローバルな事業展開を目指して技術・事業戦略を推進・展開していかねばならない。

　さらに化学産業における新たな分野として、AI（人工知能）、IoT（モノのインターネット）などの活用が今注目されつつある。具体的な応用分野として、①化学工場の保安体制の構築、②高品質・高生産性生産体制の構築、③高機能材料「スマートマテリアル」の活用・市場拡大などが挙げられる。

　最後に、今まで述べてきた日本の化学産業の現状と今世界の化学産業界で起こりつつある変革の中で、今後日本の化学産業はどのような将来展望を描き、その達成のためにどのような方策をとるべきかを述べる。

　日本の化学産業が目指すべき将来展望としては、第一に先進的技術開発力と収益力をさらに高めて、機能性化学製品分野で世界のリーダーの地位を構築し、世界の化学産業とその顧客産業（情報電子産業、自動車産業、航空宇宙産業、環境・エネルギー産業、健康・医療産業など）の発展に貢献すべきである。一方、汎用化学製品分野では、技術力を武器に競争力のある原料を求めた世界展開、新興経済発展国の旺盛な消費力に対応した事業展開を目指すべきである。

　上記のような将来展望を達成するための方策として、まず①既存事業を強化・拡充して企業基盤を強化することが大切である。自社の事

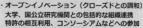

化学産業が目指す四つの方向軸

企業活動のグローバル化
・原料や市場が存在する国での現地生産
 （海外拠点（製・販・研）の構築
・ITの発達による物理的制距離の克服
・国際標準や宗教・文化に即した規格の取得
・M&Aの推進

高付加価値化
・新素材から部材、部材から消費財へ川下展開
・ソリューションを提供するシステムビジネス
・企業間連携による取り組みの強化
・品質、価格、デリバリーにおける差別化
・基礎化学品や汎用材料に対して機能性材料で
 ブルーオーシャンを狙う

化学産業

SDGsの推進（ESG、GSCに対応）
・化石資源からの脱却
・省エネルギーの推進
・温室効果ガス排出抑制効果の高い製品の開発
・サーキュラーエコノミーの本格化
・カーボンニュートラルを目指しCO_2排出原単位
 の管理や報告の義務化が進む

技術・研究開発力の強化
・オープンイノベーション（クローズドとの調和）
 大学、国公立研究機関との包括的な組織連携
 特許の相互利用、コンソーシアムなどへの参加
・働き方改革によるダイバーシティ推進（国籍、
 性別、年齢などを問わず、優れた人材を活用）
・DXの活用によるビッグデータの活用とナレッジ
 マネジメント強化による開発効率化
・ベンチャー出資やM&Aによる技術蓄積の加速

資料：経済産業省「化学ビジョン研究会」（2010年）を基に加筆
【図1-2】日本の化学産業が目指すべき方向

業の中で、競争力のある機能性化学製品分野を絞り込み、グローバル・ニッチ・トップを目指して強化・拡充していく。そのためには、オープンイノベーションの活用で技術開発のスピードアップを図り、さらに世界レベルでのM&Aを積極的に活用していくことが望まれる。次に②新規事業開発に全力を挙げて挑戦していくべきである。将来有望な新規成長分野は今や世界レベルで共通ではあるが、その中で個々の企業の歴史・技術力などを勘案して、具体的な個別事業を選別し、独自性を発揮していくことが大切である。研究開発・事業開発のスタートから共同開発・M&Aなどを活用してスピードアップを図っていく。さらに③ビジネスモデルの進化・変革を進めて収益力を高めていきたい。ファイン・スペシャリティ製品事業モデルからサービスを付与したソリューション事業モデルへの変革を目指す。そのためにはオープンラボラトリーの活用が必須となろう。

　参考のために日本の化学産業が目指す四つの方向軸を**図1-2**に示した[4]。

1–4. 化学産業の新規事業開発・研究開発の事業化におけるMOT（技術経営）の重要性

　著者らは2014年、一般社団法人近畿化学協会 化学技術アドバイザー会（近化CA）に「MOT研究会」を発足させた。この研究会は対象分野を化学産業に特化し、事例研究を重視した実践的なMOT（技術経営）研究会活動を目指してきた。その理由は、既に世の中には多くのMOTに関するテキストが発刊されていたが、多くは理論的で、かつ組立産業向けのものであり、化学産業のようなプロセス産業における研究開発から事業化までの適切なMOTに関するテキストは極めて少なかったからである。

　1–3.節で述べてきたように、今後の新規事業開発は、従来のような狭量な自前主義から脱却して研究開発テーマの設定・推進から事業化まで、革新的かつ実践的なMOT、例えばオープンイノベーション、共同開発、M&Aなども駆使して、レベルとスピードを大幅に向上させ、世界のトップを目指した先進的な研究開発・事業開発を達成していくべきであろう。換言すれば、グローバル大競争時代の今、近未来に大きな成長が期待できる分野で独創的な新規事業をいち早く創出するためには、研究・技術開発や事業開発を研究開発部門に任せっきりにせず、経営の総力を挙げてマネジメントしていかねばならない。すなわち、MOTが極めて重要な経営課題となってきている。

第2章 イノベーション（技術革新）を誘起する研究開発テーマの選択と決定

2−1. 化学産業における イノベーション（技術革新）

　日本の化学産業において技術の視点から予見されるイノベーション（技術革新：Technological Innovation）は、新規化合物や製品の発明・発見によるプロダクトイノベーション（Product Innovation）、合成・製造技術の発明・発見によるプロセスイノベーション（Process Innovation）、そして生産工場などで革新的な生産性向上を可能にするプロダクションイノベーション（Production Innovation）に大別される。今や世界的視野で企業が企業戦略上、既存事業の拡大や新規事業への参入を果たすためには、市場や顧客の多様なニーズを満足させる新規化合物・製品の開発（Product Innovation）が必須であり、同時に、新規化合物や製品を経済的かつ GSC（Green Sustainable Chemistry）、ESG（Enviroment, Social, Governance の頭文字）や SDGs（Sustainable Development Goals）などのビジョンに則したプロセス技術の開発・革新（Process Innovation）が必須となる。往々にして Product Innovation には Process Innovation が付随する。さらに、生産工場における品質の安定や革新的な生産性向上のための生産・管理技術の開発（Production Innovation）が必要となってくる。

　特に、Production Innovation に関し、人・組織の革新、生産システムの革新、情報システムの革新という三つの革新から知的統合生産

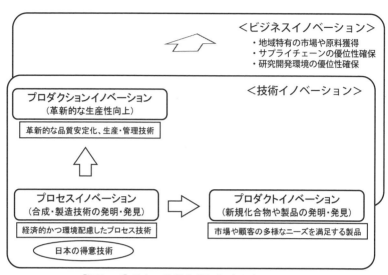

【図2-1】日本の化学企業におけるイノベーション

システムを構築し次世代型化学工場の実現に成功した事例は、従来の概念を超える生産革新（Production Innovation）として3倍の生産性を達成し、内外の企業からも注目され他の化学企業、そして業種を超えた企業などにも採用され、現在、大学と共同で開発したAIを導入して最大年100億円のコスト削減に向けた更なる取り組みが進行中というダイセルの事例も報道されている[5]。

　第二次世界大戦後（1945年～）の日本の化学企業は、どちらかと言えば欧米で開発された製品に関するプロセスイノベーションを得意としてきた。しかし、素材産業市場の成熟化と共に素材型企業の淘汰が進むグローバルな大競争時代を迎え、今後、素材型企業が生き残っていくには、プロセスイノベーションよりも革新的な機能や性能を追求するプロダクトイノベーションが必須となり、たとえ研究開発のリスクが高くなっても、国内外の大学や国公立研究機関との連携、ベンチャー企業の買収、あるいは企業間のM&Aなどを果敢に行うなど企業が総力をあげて新製品の創生を追求せねばならない時代を迎えている。また、諸外国に進出した企業にとってその地域特有の市場や原

料獲得、あるいはサプライチェーン構築の優位性、また研究開発環境の優位性などを考慮したビジネスの視点からのイノベーション、すなわちビジネスイノベーションも重要となる（**図2－1**参照）。

2–2. 研究開発テーマの選択と決定

　研究開発テーマの選択と決定は、新製品の創出や技術開発力を成長の原動力とする化学企業にとって極めて重要であるが、大別して従来の伝統的な公募テーマから絞り込む決定方法と公募テーマと並行し経営・技術戦略をベースとする決定方法の二通りがある。グローバル化に伴って企業間の競争が熾烈化している昨今、MOT の普及と相俟って企業経営にとって全社で共有されるべき戦略的思考や諸策が不可欠となり、また有望技術の戦略的獲得など研究開発の生産性向上のためにも公募テーマと並行し経営・技術戦略をベースとする決定方法に移行する企業が徐々に増えてきていると推定[注1]される。もちろん、企業によっては、経営戦略は立案されるが個々の研究開発テーマの決定までには踏み込まず、上述の公募テーマから絞り込む決定方法を併用している企業もあると推定される。さらに、伝統的に技術系社長が選任される企業では、その事業規模の大小にかかわらずあたかも日々の企業活動を通して自然発生的に研究開発テーマが生まれ、迅速な選択・決定が経営レベルで執行されている企業もあるであろう。

　参考のために、研究開発テーマの選択・決定に関連し、従来の公募テーマから絞り込む決定方法の背景にある「日本企業の伝統的MOT」と経営・技術戦略をベースとする決定方法の背景にある「経営・技術戦略をベースとする近年のMOT」[6]（**図2－2**参照）を示した。

[注1] 研究開発者のテーマに対する戦略意識・思考の一例
　『企業研究者たちの感動の瞬間』[7]（公益社団法人有機合成化学協会、日本プロセス化学会 編、2017 年 3 月）が化学同人より出版され

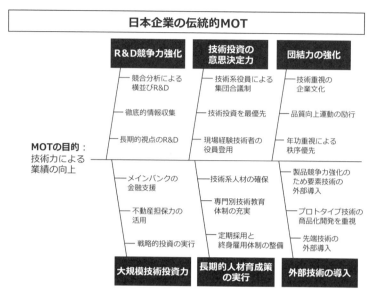

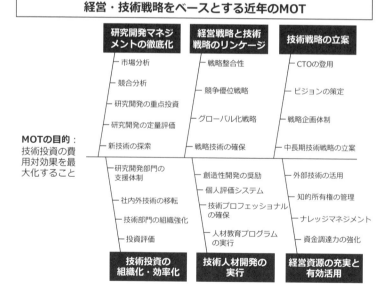

資料：寺本義也、山本尚利『MOT アドバンスト技術戦略』（2003 年）

【図2－2】研究開発テーマの選択・決定方法の背景にあるMOT

た。企業研究者達が感動した事例が医薬・農薬分野で 19 例、ファインケミカル・材料分野で 15 例が紹介されている。各事例の後に、研究者自身への直接質問の一つに、「テーマの決め方・研究開発の進め方」がある。その回答の中に経営戦略や技術戦略など戦略の文字が明記されているのが医薬農薬分野では 0 件、ファインケミカル・材料分野では 4 例、戦略の文字はないが文面からその意識・思考が伺える（筆者が判断）のが前者で 10 例、後者で 7 例、全くないのが前者で 9 例、後者で 4 例であった。

2−3. 公募テーマから絞り込む決定方法

　1980 年代後半頃までの日本企業は、市場や技術の変化があまり多くない環境のもとで、競合している先進欧米企業や先行する国内企業の技術や製品に如何に早くキャッチアップすることが第一優先課題であり、経営戦略的、あるいは技術戦略的な思考を巡らす機会は少なかった。このような環境下での企業における研究開発テーマの決定方法として例外があるにせよほとんどの場合、日常の企業活動を通して得られる情報を基に、企画部門や研究開発部門、生産技術部門あるいは事業部門が中心となって全社から研究開発テーマを公募し、主に研究開発部門中心のテーマ検討会で選択・決定されたテーマについて試験的に確かめられ、その中から有望なテーマについて今日でいう最高技術責任者（CTO：Chief Technology Officer）や事業部も参加する技術会議で審議・選択され本格的な研究開発が実行され、そして最終的に事業化に結実しそうなテーマが経営会議に諮られて相応な経営資源の配分が稟議決裁される、いわゆる公募テーマから絞り込む決定方法[8]（**図 2 − 3** 参照）が一般的であった。多くはないが現在もこの決定方法を時代に適合する形で一部採用している企業があると推定される。

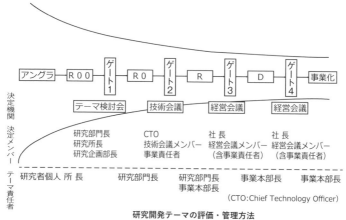

研究開発テーマの評価・管理方法

資料：桑原 裕、安倍忠彦『技術経営の本質と潮流』、丸善（2006年）

【図2−3】公募テーマから絞り込む研究開発テーマの決定方法

2−4. 経営・技術戦略をベースとする決定方法

　企業にとってどのように研究開発テーマを選択し決定していくかは、企業を取り巻く環境の変化が激しく製品や事業のライフサイクルの短命化が顕著になっているグローバルな大競争時代において企業を変革し、存続・成長させていく上で最も重要な経営課題の一つである。通常、企業では社長の交代時や経営の節目に経営戦略から導かれる3〜5年に亘る中長期経営計画が社長をトップとする経営企画、財務、事業、生産、研究開発などの各部門から選ばれた人たちで構成される特別チーム（時には専門のコンサルタントが招聘される）によって立案される。経営戦略は、企業戦略（全社戦略とも称される）、事業戦略および機能戦略の三つの戦略レベルで相互に整合性を保ちながら立案され、また、その検討過程で発生した戦略的技術課題に対処するために、執行役員から選ばれたCTOの指揮のもとに技術戦略（主として研究開発戦略、生産戦略、情報化＜例えばDX推進＞戦略などの機

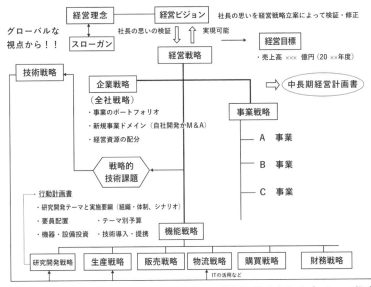

【図2-4】経営・技術戦略から研究開発テーマが選択・決定されるプロセスの概念図

能戦略）が立案され、その中の研究開発戦略から実行すべき研究開発テーマが決定される。このような手順で選択・決定された個々の研究開発テーマは企業戦略および事業戦略と直結することになり、また、経営に携わる取締役や執行役員全員の意思や決意が反映され、MOTを実行する上で根幹となる研究開発活動を通して企業の変革・成長への気運が全社的に醸成されることになる。

　これらの戦略立案によって、社長が思い描く経営ビジョンの実現性を高め、最終年度に達成する事業分野・構成と共に、総売上高（特に新規事業領域の売上高比率）およびセグメント別売上高、営業および経常利益高、財務諸表から加工して得られる売上高営業利益率・自己資本利益率（ROE：Return on Equity）・総資産利益率（ROA：Return on Asset）などで代表される経営目標が公表される。経営理念と経営ビジョン、経営戦略、企業（全社）戦略、事業戦略、機能戦略、そして技術戦略の一環である研究開発戦略から研究開発テーマが選択・決定されるプロセスの概念図[9]を**図2-4**に示した。

一方、経営戦略立案で留意せねばならない基本事項として、"失われた30年"と揶揄されているようにここ四半世紀以上に亘って化学産業をはじめ日本企業の国際競争力の低下傾向に鑑み、これまでのような現有の経営資源を前提にした漸進的・同質的な経営戦略ではなく、換言すれば徹底した外部環境分析（2−6.節参照）を優先的に行い、その上で内部環境分析との融合を図り競合相手が思いつかないような独自の経営戦略を立案することが重要となってきている。

2−5. 経営戦略を構成する重要な要素

ここで理解を深めるために、経営戦略を構成する重要な要素として、①事業ドメイン（事業を展開する領域）、②コア・コンピタンス（競争のための最も有効な手段）、③経営資源配分（配分の最適化）、④シナジー効果（経営資源の共有化）の四つについて説明する。

この中でも内部・外部環境分析から抽出された幾つかの成功要因に基づいた①の事業ドメインの設定（または定義）は、その企業の競争優位性を決定づける重要な作業となる。事業ドメインは、顧客（市場軸）とニーズ（機能軸）、それに応じた自社技術に基づく製品やサービス（技術軸）から判断される。これまでの多角化経営で失敗した企業の多くは、ドメインの数があまりにも多くなり、限られた経営資源の集中化が不可能になったことに起因している。また、ドメインは常に変化していくが、変化に合わせその範囲や切り口を柔軟に変えていかねばならない。例えば、IBMは、それまでの「コンピュータの製造販売」から「ソリューションの提供」へと事業を変えて成功を収めた。また、セコムは「ガードマン事業」から「顧客の安全を守る事業」、そして「顧客の安全と健康を守る事業」へと事業ドメインを進化させることによって事業の拡大に成功している。事業ドメインが明確になり事業ドメインでどのような戦略を実行すべきかを検討するときに、経営企画部門（特に新規な事業ドメインに注力）や各事業部門が、共通の分

析枠組みとして例えばSWOT分析（**表2－3**参照）などを活用しながら議論を行えば、各部門が理解し易い形にまとめることができる。

　このように事業ドメインの選択と集中による事業ポートフォリオの戦略的見直しは企業の成長戦略にとって最大の経営課題であるが、1989年のベルリンの壁崩壊をきっかけに米国を中心とする西側自由主義諸国とソビエト連邦を中心とする東側社会主義諸国の対立による東西冷戦時代が一気に終結し、欧米の企業、その中でも特に総合化学企業では、グローバル化の進行によって企業の国際競争力の強化が経営戦略の第一優先課題となり、第一波としてイギリスICI社を皮切りに1990年代から2001年頃までに売却やM&Aなどによる事業ポートフォリオの見直しが猛烈な勢いでダイナミックに断行された（**図2－5**、**図2－6**参照）。それによって巨大総合化学企業として知られ

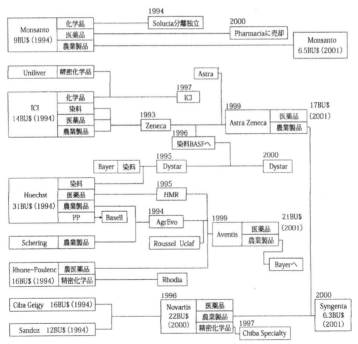

資料：住友化学・河内　哲　氏の講演資料（2003年）

【図2－5】欧米総合化学企業のダイナミックな事業ポートフォリオの見直し（1）

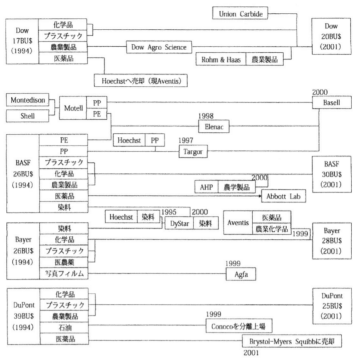

資料：住友化学・河内 哲 氏の講演資料（2003 年）

【図2－6】欧米総合化学企業のダイナミックな事業ポートフォリオの見直し（2）

ていたドイツの Hoechst 社やフランスの Rhône-Poulenc 社、イタリアの Montedison 社、スイスの Ciba Geigy 社および Sandoz 社、米国の Arco Chemical 社などの会社名がこの世から消え去ってしまったのである。この激しい選択と集中には三つ流れがあり、医薬をコアとするライフサイエンス分野への流れ、ファイン・スペシャリティケミカル分野への流れ、もう一つは化学・高分子製品事業拡大の流れである。2002 年頃から第一波のような勢いは衰えたが第二波として更なる事業ポートフォリオの組み替えや大規模企業同士の M&A が現在も続いている。このようにグローバル競争激化の対応としてグローバル No.1 獲得のための M&A とグローバルオペレーションによる成長戦略（収益拡大戦略）で欧米各社は 1990 年後半以降 100 億ドル以上

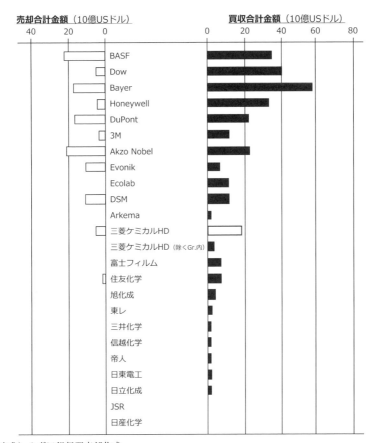

| 売却合計金額（10億USドル） | | 買収合計金額（10億USドル） |

（出典）みずほ銀行調査部作成
資料：経済産業省製造産業局化学課機能性化学品室「機能性素材産業政策の方向性」（2015年6月）

【図2−7】1990年後半以降のM&A総額（案件公表額1億USドル以上の合計額）

の事業ポートフォリオの入れ替えを断行したが、国内化学企業各社は
グループ内のM&Aを除けば事業ポートフォリオの入れ替えは極め
て限定的であった[10]（**図2−7**参照）。結果的に欧米の化学企業に比
べ総じて日本の化学企業の収益率がかなり低い（**図2−15**参照）最
大の要因になっていると推定される。日本を代表する大手化学企業な
ども事業ポートフォリオの入れ替え、特に石油化学製品事業のポート
フォリオの組み替えにここ数年取り組んでいるが未だ道半ばである。

ところで、化学産業における事業ドメインを構成する製品には、"化学"という特性（化学反応による新規物質の創生と機能の発現）を利用した単一の化学物質からなる製品だけでなく、複数の化学物質を混合して得られる製品、あるいは高分子量の化学物質である熱可塑性（または熱硬化性）樹脂を成形加工して得られる加工製品、また、生物の機能を利用（バイオテクノロジー）した製品など多岐に亘っており、それらの製品は、農業、食品産業、電気電子産業、自動車・航空機などの輸送用機械・機器産業、医療サービス産業、繊維産業、建設業など広範囲な産業で使用されている。また、近年これらの産業において従来化学産業が担ってきた高性能・高機能化学製品の研究開発を自ら推進する企業も急増している。従って、経営戦略における競争優位の事業ドメインの設定には成長が期待される化学以外の他の産業の動向についての分析も必須となる。参考のために（一社）日本化学工業協会が公表した『グラフで見る日本の化学工業2022』[2-①] の資料から、2020年度の日本の製造業における化学産業の位置付けを**表2－1**に示した。特に、広義の化学工業の出荷額は全製造業で2位の44.2兆円であり、付加価値額（出荷額から原材料投入額、国内消費税および原価償却額を差し引いた額）は2位の17.5兆円で日本の経済を支えている製造業のなかでも化学産業は重要な位置を占めている。

【表2－1】日本の製造業における化学産業（2020年）

	付加価値額（兆円）	出荷額（兆円）	従業員数（万人）
広義の化学工業 「化学」+プラ+ゴム	17.5 （2位：18.1%）	44.2 （2位：14.6%）	93.0 （3位：12.5%）
化学工業 「化学」	11.5 （11.9%）	28.6 （9.4%）	37.7 （5.1%）
「化学」の内 「医薬」	4.6 （4.8%）	8.8 （2.9%）	9.9 （1.3%）

〔注〕（ ）内は全製造業における順位と割合。
資料：一般社団法人日本化学工業協会（2023年1月）

また、**表2−1**の化学工業における製品ごとの出荷額（単位:兆円）は、

1．化学肥料	0.29	4．最終製品	
2．無機化学工業製品	2.52	・油脂・石けん・合成洗剤・界面活性剤	
3．有機化学工業製品			1.29
・石油化学系基礎製品	1.58	・塗料	0.98
・脂肪族系中間物	1.36	・医薬品	8.86
・環式中間物・合成染料・		・農薬	0.36
有機顔料	1.01	・化粧品・歯磨・その他の	
・プラスチックス	3.23	化粧用調製品	2.08
・合成ゴム	0.40	・ゼラチン・接着剤	0.41
・その他有機化学工業製品	1.78	・写真感光材料	0.28
		・その他の最終化学製品	2.09

であり、製品別の構成比は、化学肥料:1.0%、無機化学工業製品:8.8%、有機化学工業製品：32.9%、最終製品：57.3%である。広義の化学工業の出荷額は、この上に、プラスチック製品として12.57兆円、ゴム製品として2.98兆円の出荷額が加算される。

1980年代から始まったバイオテクノロジー、エレクロトニクス、新素材の三つの分野における世界的な開発競争で、日本は電子情報材料・部材を中心とする機能性化学品で強みを発揮し、ピーク時、世界の半導体産業の材料・部材の約7割が、液晶・リチウム電池産業の材料・部材の約3割が日本から出荷されていたが、近年、我が国のエレクトロニクス産業の競争力の低下や海外の顧客によるグループ会社内からの調達、海外メーカーの新規参入などで一部シェアを失いつつある。一方、機能性化学品あるいは機能性素材の市場[11]（**図2−8**参照）は電子情報材料分野（その世界市場規模は約3兆円で全世界の機能性市場の1割に満たない）に劣らない規模で高い成長潜在性を有するニュートリション（サプリメントに代表される栄養剤あるいは栄養補

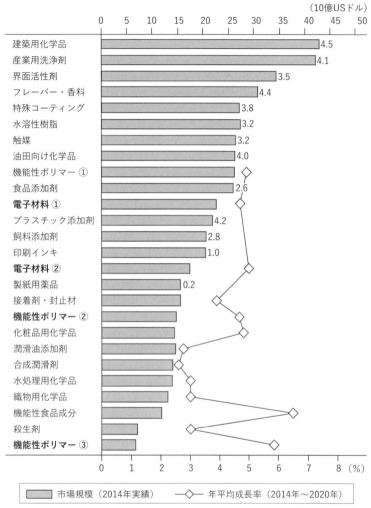

（10億USドル）

	市場規模（2014年実績）	年平均成長率（2014年〜2020年）
建築用化学品	4.5	
産業用洗浄剤	4.1	
界面活性剤	3.5	
フレーバー・香料	4.4	
特殊コーティング	3.8	
水溶性樹脂	3.2	
触媒	3.2	
油田向け化学品	4.0	
機能性ポリマー ①		
食品添加剤	2.6	
電子材料 ①		
プラスチック添加剤	4.2	
飼料添加剤	2.8	
印刷インキ	1.0	
電子材料 ②		
製紙用薬品	0.2	
接着剤・封止材		
機能性ポリマー ②		
化粧品用化学品		
潤滑油添加剤		
合成潤滑剤		
水処理用化学品		
織物用化学品		
機能性食品成分		
殺生剤		
機能性ポリマー ③		

〔注〕機能性ポリマー ①：エンプラ、同②：機能性フィルム、同③：高機能部材
　　　電子材料①：半導体プロセス材料、同②：プリント配線基板
　　　太字は日本の化学企業が得意とする分野
資料：みずほコーポレート銀行産業調査部「日本産業の動向＜中期見通し＞」（2015 年 12 月）
【図2−8】世界の機能性化学品市場規模と成長率（予測）

給剤）や化粧品原料、食品添加物、香料・フレーバーなどの消費財製
品、熱可塑性エンジニアリングプラスチック（エンプラ）やスーパー
エンプラ、高機能フィルムなどの機能性ポリマー、建築用化学品、産

業用洗浄剤、水処理用化学品などの機能性素材の市場では日本企業の存在感が薄く欧米勢力の後塵を拝する状況が続いており、我が国化学産業を中心とした機能性素材産業の競争力強化に向けた諸施策が産官学連携して講じられつつある。このようにダイナミックに変化していく市場に対応した事業ドメインの検討・設定には更なるグローバルな視点が重要となる。

　経営戦略で考えねばならない二つ目の重要なポイントは、コア・コンピタンス（Core Competence）であり、コア・コンピタンスとは「顧客に対して、他社にはまねのできない自社ならではの価値を提供する、企業の中核的な力」であり、中核的な力には、技術開発やスキル、ブランド、生産方式、物流ネットワークなど、様々な力が挙げられるであろう。コア・コンピタンスは、模倣可能性（Imitability）、移転可能性（Transferability）、代替可能性（Substitutability）、希少性（Scarcity）、耐久性（Durability）の五つの点について、市場環境、競争環境の視点から適時見極めていかねばならないと言われている。

　経営戦略で考えねばならない三つ目の重要なポイントは、立案された各戦略を実行するために必要な経営資源を配分することである。経営資源には限りがあるので、企業戦略、そして事業戦略や機能戦略を立案する各部門間の議論は白熱化するケースが多い。経営資源配分には、自社が保有している資源と不足している資源をM&A（近年革新的な技術を有するベンチャー企業の買収が盛んに行われている）、アライアンス（他企業・大学・公的機関などとの連携・協力）、アウトソーシング（外部への業務委託）などによって補完する方法がある。最近のアウトソーシングでは、コスト削減や高付加価値の享受を期待する戦略に基づき、人事や財務などの管理業務から、研究開発、製造、営業販売、物流に至るまで幅広い機能を外部の専門機関に委託する企業が増えている。その一方で、アウトソーシングには、情報流出のリスクや、社内にノウハウが蓄積されないといったデメリットも存在する。経営のスピードや高い効率性が求められる競争環境においては、自社

に必要な機能や能力を充分に見極めることと、メリット、デメリットを考慮に入れながら外部資源の有効利用を考えることが重要である。

　経営戦略で考えねばならない四つ目の重要なポイントは、シナジー効果（相乗効果、Synergy Effect）である。シナジー効果とは、特に多角化戦略に必要な要素の一つであり、経営資源を共有して活用することで部分的な総和より大きい企業価値が得られる効果のことを意味する。例えば、販売・流通チャンネルやノウハウ、物流設備などを共有化することによって得られる販売シナジー、生産技術や方式、資材・原材料などを共有化することによって得られる生産シナジー、設備の共通利用、研究投資などを共有化することによって得られる投資シナジー、事業の統廃合、組織文化など経営管理についてのノウハウの共有化によって得られる経営シナジーなどがある。また、事業の運営において経済性の分析は不可欠であるが、事業の経済性を高めるものとして、主に、範囲の経済性、規模の経済性、経験効果の三つがある。その中で、シナジー効果が期待されるのは範囲の経済性（Economy of Scope）である。企業が複数の事業を展開することにより、経営資源を共有化でき、より経済的に事業運営していくことが可能になることを指す。ちなみに、規模の経済性とは、工業製品などの事業規模を大きくすることによって低コストを実現し、経済的に事業運営をすることが可能になることであり、経験効果とは、過去から現在に至るまでの累積の経験量（従業員の熟練や作業の標準化など）からのコスト低減が可能になることを指している。

2-6. 企業戦略立案に活用される分析手法（フレームワーク）

　企業戦略（国内外の全グループ企業を包含する全社戦略）では、様々な分析手法（フレームワーク）を用いてグローバルな視点から企業を取り巻く外部環境[注2]や内部環境[注3]の分析を行い、企業が目指す方

向性を明確にし、事業領域（事業ドメイン）、事業の組み合わせと重点化の順位（既述の事業のポートフォリオ）、競争優位性確保の方策、企業全体の限られた経営資源[注4)]の適切な分配などを決定する。外部環境分析手法としては、マクロ環境分析（PEST分析）[注5)]、ミクロ環境分析（3C分析）[注6)]、業界環境分析（市場規模、市場成長性、市場シェアなど）、業界構造分析（5F分析）[注7)] などがあり、内部環境分析手法としては、業績・収益性分析、バリューチェーン分析[注8)]、4P分析[注9)] などがある。また、環境分析の現状を踏まえてSWOT分析およびクロスSWOT分析[注10)] が行われる。特に、成長分野に多くの新規事業を有している企業では、各事業が個別に戦略を追求すると、人事面、財務面などで経営資源の許容限度を超える場合があり、全社的な視点から事業間の調整を行い経営資源配分の優先順位を決めていくことが肝要である。また、ある事業が保有する技術力、ブランド力、ノウハウや人材などを他の事業に転用、あるいは共有して事業間の相乗効果（シナジー）を創出し、経営効率を高めることも重要である。また、上述のように化学が関わる事業ドメインは広範囲に亘るために、事業ドメインの検討には化学業界だけでなく他の業界の市場動向や技術動向などについても詳細な分析が必要となる。企業および事業戦略や技術戦略で経営資源の分配などを決定するために使用される戦略論には、企業の地位を重視する「コトラーの戦略論」、市場占有率を重視する「ランチェスターの戦略論」、競合企業との差別化を重視する「差別化の戦略論」、市場における事業のポジショニングを重視する「PPM[注11)] の戦略論」などがある。

[注2)] **外部環境分析項目の例**

国内外の景気動向、法令・制度改正、人口推移、資源・エネルギー環境、社会的価値、技術革新、為替相場、市場環境（グローバルな視点からの競合他社の動きや顧客のニーズ）など。

[注3)] **内部環境分析項目の例**

組織力（企業統治力）、営業力、技術・製品開発力、財務力、人材、生産・品質保証力、情報化技術力、製品サービス力、市場開発力、物流力、ブランド力、知的財産力など。

[注4)] 経営資源

経営資源は有形資源と無形資源に大別され、有形資源には、ヒト（人的経営資源）、モノ（工場、設備など物的経営資源）、カネ（資金など金銭的経営資源）があり、無形資源には、情報、知的財産、ブランド、信用、イメージなどがある。有形資源は時間をかけなくても入手できるが、無形資源は年月をかけて蓄積されていく経営資源で競争優位の源泉として今後益々重要となってくる。

[注5)] マクロ環境分析（PEST分析）

マクロ環境分析の代表的なフレームワークにPEST分析がある。政治（Politics）、経済（Economy）、社会（Society）、技術（Technology）のそれぞれの頭文字をとったフレームワークである。分析対象に企業に大きな影響を及ぼしそうな項目をピックアップし、今後に与える影響を考える。

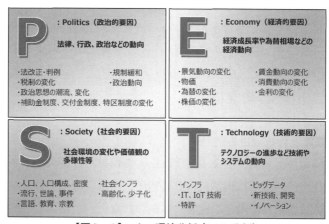

【図2－9】マクロ環境分析（PEST分析）

マクロ環境分析は事業環境の根幹を揺るがす要因が含まれていることがあり、事業を形成、存続させるために考慮すべき必要不可欠な分析となる。この分析は社会が複雑かつ変化の速度を速める昨今、見逃してはならない分析である。

　特に最近考慮すべき要因の例を以下に挙げる。

１）SDGs

　国連が設定した17の戦略的開発目標（SDGs）に対し、先進国を中心に具体的な取組が進んでいる。それぞれの国における事情にもよるが、法制化への動きに繋がる可能性もあり、ビジネス環境に大きな影響を与える可能性がある。ゴールは2030年とされているが、継続される可能性がある。

２）サーキュラーエコノミー（循環経済）

　SDGsの中でも地球環境問題に対する対応は主要な柱である。そのもとになっているのは「プラネタリー・バウンダリー（地球限界）[12] *」という考え方で、20世紀以降の人口爆発に伴う地球資源の消費は限界に達しつつあるという警告。地球温暖化は一つの側面で、

＊：「小さな地球の大きな世界〜プラネタリー・バウンダリーと持続可能な開発」、
　　J.ロックストローム、M.クルム著

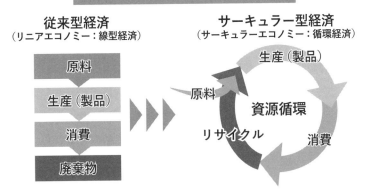

【図2-10】サーキュラーエコノミー（循環経済）と従来型経済

カーボンニュートラル（炭素中立）が対策の一つになっているが、これを全ての資源に拡大して、資源を循環利用しようとする考え方である。従来型の経済とは全く異なる経済システムを構築する必要があり、今後全ての産業がこれをめざすものと考えられる。

　3）国際紛争（戦争）

　2022年2月に発生したロシアによるウクライナ侵略（戦争）に伴う西側諸国とロシアとの対立は、国際的なビジネスの枠組みを大きく変えてしまった。この民主主義国と専制主義国との対立には、さらに中国と米国との対立にも拡大する可能性を持っている。

　2020年頃までに多くの企業が目指したグローバル化によるビジネスの拡大は、図らずも無条件という訳ではなく、その対象をよく検討し、戦略的な拡大方針を定めないと事業存続を危ぶむ結果をもたらす可能性を秘めている。

注6) ミクロ環境分析（3C分析）

　3C分析とは、企業の事業環境分析や企画立案において定番とされている手法で、事業全体像を、自社（Company）、競合（Competitor）、市場・顧客（Customer）の三つの点から分析する。3C分析は、市場と競合の分析から導かれるその事業でのKSF（Key Success Factors：成功要因）に対し、自社の分析からKSFとのギャップを見つけてアクションを導き出すような形で用いられる。

注7) 業界構造分析（5F分析）

　M.E.ポーター著『競争優位の戦略』[13]で唱えられたもので、業界構造分析の代表的なフレームワークとして使用される。ファイブフォース（5F）とは、新規参入の脅威、代替品の脅威、買い手の交渉力、売り手の交渉力、業界競合他社を表し、その業界の収益構造や競争におけるキーポイントを判断するための分析フレームワークである（**図2－11**参照）。

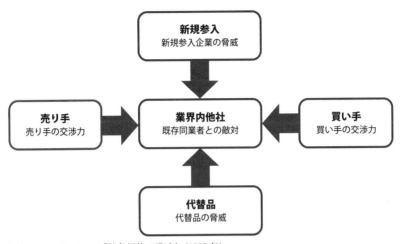

資料：M.E. ポーター、『競争優位の戦略』（1985 年）

【図2−11】業界の収益性を決める五つの競争要因

注8) バリューチェーン分析

　上記の5F分析と同様に、M.E. ポーターが同著で唱えたもので、バリューチェーンは"企業活動の価値（最終的にユーザーから支払われる対価を指す）とマージン（利益）を一連の連鎖的（Chain）な活動として表すもの"とし、いかなる企業のバリューチェーンも、五つの主たる活動（購買、製造、出荷、販売・マーケティング、サービス）と四つの支援活動（管理＜企画、経理、総務なども入る＞、人事・労務、技術開発、調達）からなるとしている（**図2−12**参照）。このバリューチェーン分析で、どの機能で付加価値が創出されるか、どの機能に強み、弱みがあるのか、また、どの機能でコスト競争力や差別化競争力を生み出すかなど、企業戦略などの戦略立案時に総合的に検討される。バリューチェーン分析による成功要因分析の一例[14)]を**表2−2**に示す。この表で示されるバリューチェーンを構成する項目の中で、化学産業においては主として開発と生産において企業価値が創造される。

資料：M.E. ポーター、『競争優位の戦略』（1985 年）

【図2−12】価値連鎖（バリューチェーン）の基本形

【表2−2】バリューチェーンによる成功要因分析

バリューチェーン	成功要因の例		業界の例
調　　達	• 大量購入による価格交渉力		• ディスカウントショップ • 大規模量販店
開　　発	• 開発のスピード • 特許化による技術防衛 • 他社との連携		• 製薬 • 自動車
生　　産	• 生産コスト • 生産のフレキシビリティー	• 品質管理	• 半導体 • 電子部品
マーケティング	• 広告宣伝 • 市場の絞込み	• ブランド	• 化粧品 • 衣料品
販　　売	• 顧客の組織化 • 営業員教育		• 保険 • 医薬
物　　流	• 品揃え • 限定地域対象	• 迅速さ • 小口対応	• コンビニエンスストア • ピザ宅配
サービス	• 定期点検 • 迅速な対応	• 24 時間サービス	• 航空機エンジン • 情報システム

資料：藤末健三『技術経営入門』（2004 年）

注9) **4P分析**

　マーケティング戦略を成功させるために使用される分析手法で、ターゲット市場に働きかけるための手段の組み合わせ（マーケティン

グミックス）は、製品（Product）、場所／流通（Place）、販促（Promotion）、
価格（Price）で表現される。これらをどのように組み合わせるかが
重要となる。

注10) SWOT 分析（SWOT Analysis）

SWOT 分析は戦略の立案を支援するための基本的な分析フレーム
ワークで、このフレームワークでは、外部環境および内部環境の分
析から得られる現実を踏まえて外部に起因する機会（Opportunities）
と脅威（Threats）、そし内部に起因する強み（Strengths）と弱み
（Weaknesses）を明らかにする。SWOT 分析で注意せねばならない
ことは、分析は主観的な情報ではなく、客観的な情報に基づいたもの
でなければならない。そのために、企業内の人材に止まらず外部から
の専門家を招聘して行われることもある。このように SWOT 分析は、
戦略の構築および評価のために活用されるが、SWOT 分析を行えば
必ず戦略の構築や代替案の評価が得られるとは限らず、事業プロセス
での収益構造や重点プロセスなどについての示唆は得られない。

【表 2－3】SWOT分析による最高のチャンスと最大のピンチ

		内　部　環　境	
		弱み（W）	強み（S）
外部環境	機会（O）	弱みを克服できれば 選択領域	最高のチャンス （独自性が発揮できる領域）
	脅威（T）	最大のピンチ （回避すべき領域）	強みで対処不可能であれば 回避すべき領域

クロス SWOT 分析

SWOT 分析で整理した四つの観点を掛け合わせることで、経営戦略
やマーケティング戦略をより具体化させる手法

SWOT 分析では内部環境と外部環境から、客観的に現状を把握す
ることができるが、それだけでは有効な戦略立案には繋がらない。ク
ロス SWOT 分析では、SWOT 分析で洗い出した「強み」「弱み」「機会」

		外部環境	
		機会	脅威
内部環境	強み	強み × 機会 **積極的戦略** （自社の強みを ビジネスチャンスに活かし、 強化・拡大を図る）	強み × 脅威 **差別化戦略** （差別化によって、 脅威に対応する）
	弱み	弱み × 機会 **弱点強化戦略** （弱みを補うことにより、 ビジネスチャンスを掴む）	弱み × 脅威 **専守防衛または撤退戦略** （防衛・撤退により、 リスク回避を行う）

【図2−13】クロスSWOT分析

「脅威」をそれぞれ掛け合わせる。それにより、**図2−13**のように各領域の検討観点が見えてくる。この方法によって、戦略オプションを洗い出すことができ、事業戦略やマーケティング戦略の立案・検討をしやすくなる。

注11) PPM（Product Portfolio Management：プロダクト・ポートフォリオ・マネジメント）

上述のように複数の事業を持つ企業では、各事業への経営資源の配分は非常に重要であるが、この経営資源の配分を行う際に使われる

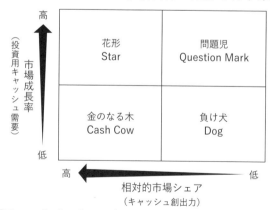

【図2−14】プロダクト・ポートフォリオ・マネジメント (PPM)

ツールとして、ボストンコンサルティング・グループ（BCG）が考案したPPMがある。縦軸に市場の成長率、横軸に市場シェアをとると**図2-14**のような四つのマトリックスに分割できる。また、PPMは製品（群）のマトリックスごとの特許出願戦略を考える場合などにも利用される。

花形

　市場成長率および相対的市場シェアが高い状態で、ここでは激しい競争が行われていることが多く、高い市場シェアを確保したまま、市場成長率が低下する（"金のなる木"にシフトする）まで保持していくことが必要になる。そのため、売上や利益が大きいが、投資額も大きい。

金のなる木

　低い市場成長率、高い相対的市場シェアの状態で、低い市場成長率のために新規参入者や競争の恐れが少なく、安定した利益を享受できる。しかし、成長性という視点からは期待できず、"金のなる木"から得られるキャッシュを手元に新たな研究開発などへの投資が必要となる。特に近年の日本の化学企業でこの象限に相当する製品（群）の割合が高くなっていると推定される。

問題児

　高い市場成長率、低い相対的市場シェアの状態で、高い市場成長率のためにシェア獲得など競争優位を保持するために投資が必要となる。市場成長率が高い間に"花形"へシフトしないと"負け犬"となり市場からの撤退を余儀なくされる。

負け犬

　市場成長率、相対的市場シェアが共に低いため、事業の撤退を検討

する。

PPM を使用する上での注意点

1）PPM は状況判断の材料となるが、ビジョン、戦略とは異なり、PPM で扱う情報は "キャッシュ" である
2）実際の経営資源には、キャッシュ以外に、技術、ノウハウ、ブランド、人材、情報、モノなど様々な資源があり、事業間のシナジー効果なども考慮して経営資源の配分が決められる

　以上、企業戦略を立案する上での基本的な事項や作業について述べてきたが、世界の化学産業の近年の動向を踏まえどのような視点から企業戦略を立案すべきか、参考になる提案[15]があるので以下に紹介したい。近年、化学産業のコモディディー化の波が押し寄せ、コストで勝る新興国系化学企業が躍進する一方、欧米系化学企業は、M&Aと販路のシナジーで成長と収益維持を両立している（**図2－15**参照）。このような事業環境下における日本化学企業の成長戦略の選択肢として、①バイエルに代表される横串型スペシャリティモデルによる既存市場の深耕、②3Mに代表されるソリューションモデルによる高付

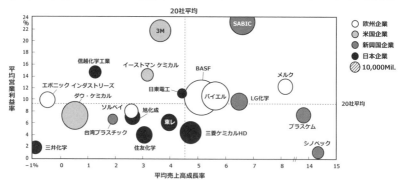

注）売上高成長率は各社の現地通貨ベース。売上高は US ドルベース
　　営業利益率は為替変動や原料価格による収益変動が大きいため、過去5年の平均値とした
出所）各社財務諸表より NRI 作成
資料：中島崇文、青嶋稔「化学産業における事業開発モデル」『知的資産創造』（2017年3月号）
【図2－15】世界の大手化学メーカーの収益状況（2011～2015年）

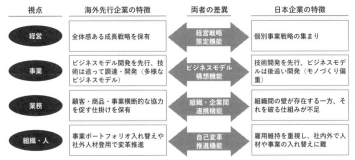

視点	海外先行企業の特徴	両者の差異	日本企業の特徴
経営	全体感ある成長戦略を保有	経営戦略策定機能	個別事業戦略の集まり
事業	ビジネスモデル開発を先行、技術は追って調達・開発（多様なビジネスモデル）	ビジネスモデル構想機能	技術開発を先行、ビジネスモデルは後追い開発（モノづくり偏重）
業務	顧客・商品・事業横断的な協力を促す仕掛けを保有	組織・企業間連携機能	組織間の壁が存在する一方、それを破る仕組みが不足
組織・人	事業ポートフォリオ入れ替えや社外人材登用で変革推進	自己変革推進機能	雇用維持を重視し、社内外で人材や事業の入れ替えに難

資料：中島崇文、青嶋稔「化学産業における事業開発モデル」『知的資産創造』（2017 年 3 月号）

【図 2 −16】ビジネスモデル開発にかかわる日本企業と海外企業との比較

加価値化、③デュポンに代表されるプラットフォームモデルによる異業種進出　の三つが考えられ一体化した全社成長戦略を立案することが肝要であり、これらのビジネスモデル開発には経営戦略策定機能、ビジネスモデル構想機能、組織・企業間連携機能、自己変革推進機能の四つの機能を強化しなければならないことなどが提案されている（図 2 − 16 参照）。

2−7. 事業戦略立案に活用される分析手法 （フレームワーク）

　グローバルな視点から企業戦略で選択された事業領域における個別の事業単位での戦略。事業が係る特定の市場で競合他社企業に対して、どのように競争優位性を確保するかが焦点となり、企業間の競争力分析などから競争戦略[注 12]の検討を行う。また、事業戦略の立案に使用されるフレームワークとしては、コンジョイント分析[注 13]、シナリオ分析[注 14]、前出のバリューチェーン分析などがある。事業戦略の段階では、企業戦略で基本的に経営資源の配分も決まっており、その有効活用や、コア・コンピタンスを蓄積する仕組みの構築など競争優位性の確保を目指す戦略を打ち出し、事業の目標を達成するための具体的な活動計画を策定する。

競争戦略（Strategy for Competitiveness）

　M.E. ポーターが『競争の戦略（Strategy for Competitiveness）』[16]
で使って以来普及したもので、競争の戦略には次の三つの戦略がある。

　1）コスト・リーダーシップ戦略

　　バリューチェーン（**図 2 − 12** 参照）における五つの主活動と四
　　つの支援活動において、低コスト化を図り、低価格を実現する。

　2）差別化戦略

　　顧客から見た製品価値を、他社よりも高くする戦略。顧客にとっ
　　ての製品価値とは、①機能的な価値（製品がもつ機能の価値）、
　　②感性的価値（デザイン、ブランドなど人の感性を満足させる価
　　値）、③安心的価値（アフターサービスや納期といった保証的な
　　価値）に分類できる。

　3）集中戦略

　　狭い市場や競合他社が見過ごしている市場（ニッチ市場）で優位
　　に立つ戦略

注13）**コンジョイント分析**

　新製品開発などのケースで、複数の製品やサービスの候補の考えう
る組み合わせを実験的に作成し、各々についての評価結果を統計的に
処理することによって、消費者が最重要視する属性・水準、すなわち
製品やサービスの「何を」を「どの程度」変更すれば満足度が得られ
るかなどを明らかにする分析方法。

注14）**シナリオ分析**

　選択された事業に纏わる不確実性（リスク）要因に対処するための
分析手法で、その事業を実行に移したときのシナリオとして、ダウン
サイド（悲観的）やアップサイド（楽観的）に振れた場合の収益や投
資の変化を定量的に予測し、事前に財務あるいは経営資源の問題に対

する検討や準備を行う。

2-8. 企業および事業戦略を実現するための機能戦略、そして技術戦略

　研究開発戦略、生産戦略、販売戦略、購買戦略、財務戦略など、企業戦略および事業戦略を実現させるための諸施策を機能別に落とし込み、機能別の視点から各戦略を策定する。戦略策定のステップは基本的に企業戦略や事業戦略と同じである。各機能戦略を実行するために必要な経営資源の配分は企業戦略で決定されるが、各機能戦略の策定は事業部門と綿密な連携を取りながら進められる。

　経営戦略を立案する過程で判明した戦略的技術課題（**表2-4**参照）に対処するために技術戦略（機能戦略に属する）が立案され、その中に含まれる戦略としては、研究開発戦略、生産戦略、全社各部に必要なDX（Degital Transformation：第8章参照）の深化に対応した情報技術戦略などが挙げられる。この中で、生産戦略とは、主に企業（全社）および事業戦略から導かれた生産拡大に伴う生産基地（国内外を問わない）の選定や新プラント建設計画、既存設備の増設・廃棄・更新計画などが立案され、生産技術の改良や新規生産技術の開発などは通常研究開発戦略で扱われる。従って、技術戦略の立案・策定によって明らかにされる主な行動計画は以下のような計画から構成される。

1．情報化技術の整備・拡大・導入計画
2．設備（研究開発・生産・物流など）投資計画
3．研究開発計画
4．技術提携・供与・導入計画
5．研究者・技術者採用・配置・人材育成計画

　また、これまで述べてきたように、経営戦略から技術戦略が立案さ

れるが、基盤技術がしっかりとした技術志向が非常に強い企業では技術戦略に沿って企業戦略、そして事業戦略が策定されることもある。いずれの場合でも事業部門や技術部門の一方的な主張による弊害（技術部門の主張が強いことによる市場動向の読み違い、事業部門の主張が強いことによる新事業や次世代事業創出に必要な技術開発の必要性の見落としなど）を回避するために両部門が一体となって立案されることが多い。

　上記のように研究開発に焦点を当てた技術戦略は、経営戦略の立案・策定で機能戦略の一つである研究開発戦略（**図2−4**参照）に相当するが、技術戦略および研究開発戦略の立案・策定する意義には大きく以下の三つのことが挙げられる。

　　1．企業戦略および事業戦略と整合性を保ち戦略技術領域と取り組むべき重要技術を明確にすることによって全ての技術に関する活動や研究開発活動の方向性を一致させること
　　2．技術課題の重要性を客観的かつ公正に判断し、経営資源の適切な配分が可能になる
　　3．研究者・技術者に対して、戦略技術領域、取り組むべき重要技術の優先順位と明確な達成目標を経営トップの意思として浸透させること

　従って、技術戦略および研究開発戦略は、経営者にとって、明確にされた戦略技術領域と取り組むべき個々の重要技術を客観的かつ公正に判断し、投資効果を最大にする適切な資源配分を行う拠りどころとなり、一方、研究者・技術者にとっては、技術に対する価値観を共有するための経営層からの強いメッセージとなり、彼等の技術に対するモチベーションの向上に大きな役割を果たすことになる。

【表2−4】バリューチェーンにおける戦略的技術課題の事例

バリューチェーン		戦 略 的 技 術 課 題
支援活動	全般管理	管理に関する情報技術（例：ナレッジマネジメント、知的財産管理、CIM）の導入
	人事・労務	研究者・技術者の採用と適性配置、教育・育成プログラム
	技術開発活動	社内研究開発とマネジメント、技術提携・供与・導入、研究設備・分析機器・ベンチ・パイロット設備投資計画
	調達活動	
主活動	購買物流	SCM などの情報技術の導入
	製　　造	生産技術・管理技術、設備投資計画、設備保守・点検技術、ISO 認証取得、品質管理技術、防災・安全・環境技術とアセスメント、SCM ／ PDM ／ MES ／ AI ／ IoT などの情報技術の導入、RC
	出荷物流	SCM などの情報技術の導入
	販売・市場開発	SCM ／ CRM などの情報技術の導入
	サービス	CRM などの情報技術の導入

※表中の略語の意味
CIM（Computer Integrated Manufacturing）：コンピュータによる生産・在庫管理手法
SCM（Supply Chain Management）：調達・生産・販売・物流など供給連鎖の管理手法
ISO（International Organization for Standardization）：国際標準化機構
PDM（Product Data Management）：製品データ管理
MES（Manufacturing Execution System）：製造実施システム
AI（Artificial Intelligence）：人工知能
IoT（Internet of Things）：モノのインターネット
RC（Responsible Care）：化学物質の開発から廃棄まで全範囲に係る全社自主管理活動
CRM（Customer Relation Management）：顧客関係管理

2−9. 研究開発戦略立案の概要

　上述の技術戦略の中でも核となる戦略であり、企業戦略および事業戦略で選択された事業ドメインにおける目標を達成するための実行計画が明らかにされる。研究開発戦略策定プロセスの概要を**図2−17**に示す。**図2−17**における各戦略技術領域とその領域における重要技術は、企業および事業戦略で打ち出された事業ドメインを念頭に置きながら、技術の視点から外部環境分析と内部環境分析を実施し得られた情報の総合的な分析結果から明確にされる。対象となる主な分析項目を下記に示す。

<pre>
                          分析項目
  1．外部環境分析   ①選択された事業ドメインに関連
                        する市場動向分析
                      ②①に関わる有望技術情報の収集
                        と競争分析
  2．内部環境分析   ①保有する自社技術資源の分析
                      ②選択された事業ドメインに直結
                        する保有技術の「強み」と「弱
                        み」の分析
                      ③事業性評価基準の設定
</pre>

　夫々の分析項目の具体的な分析について幾つかのフレームワークを
取り上げるが、詳細については専門書を参照されたい。既述の企業戦
略立案に利用したSWOTをはじめとするフレームワークも技術を視
点におけば有効である。特に、上記の1－②では、業界や進歩の度合
いなどに関係なく全てのキーテクノロジーや要素技術を抽出し（萌芽
的な科学技術情報が、将来のキーテクノロジーや要素技術に発展する
場合もある）利用できそうな技術を識別することであり、主要な技術
について将来の変化を予測するために、技術マップ[注15)]や技術ロード
マップ[注16)]を作成するのも有効である。また、2－①および②では、
自社が保有する技術を棚卸（2－10.節を参照）し、技術ポートフォ
リオ分析することによって自社技術の「強み」と「弱み」を明らかに
することが可能である。2－③の事業性評価基準の設定は研究開発戦
略を立案する上でも非常に重要であり、事業性評価は、市場魅力度（市
場性、技術優位性、競合性）と企業適合度（社内資源の活用、強み発
揮度、経営方針との整合性）が評価軸となる。各評価指標は客観的か
つ公平であらねばならない。

^{注15)} **技術マップ**

　製品・事業部ごとに全ての要素技術を書き出したマップで目指す技術分野の構造を明らかにし、今後の重要技術を絞り込むのに利用される。

^{注16)} **技術ロードマップ**

　未来予測手法（最も実用的な＜構造変化インパクト分析手法^{注17)}＞がよく用いられる）による有望市場予測を行い、有望市場でのニーズの機能に応じた全ての技術（新規技術、保有技術）を洗い出し、時間軸で技術開発目標と事業化目標を示したマップ。技術ロードマップを作成することにより、将来の技術の拡大や、体系から外れている技術やその技術の組み合わせによる「ハイブリッド技術の応用」などを知ることができる。技術ロードマップは国レベルや民間企業レベルなどで広く使用されている。

^{注17)} **構造変化インパクト分析手法**

　マクロ構造変化の相互作用から、将来の可能性を洞察。各要因間の因果関係図から要因相互のプラス、マイナスの影響をマトリックス分析し、これらに基づいて可能性のある将来シナリオを記述していく方法。

　すなわちこの研究開発戦略では以下のような計画書が立案・設定される。

・研究開発テーマおよび実施計画書　・研究開発における設備投資
　　　　　　　　　　　　　　　　　　　計画書

・研究開発要員配置計画書　　　　　・研究開発に関わる技術提携・
　　　　　　　　　　　　　　　　　　　導入計画書

・研究開発テーマ別予算計画書

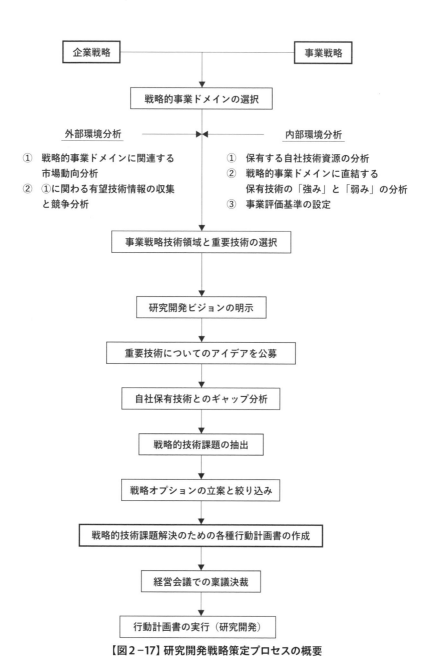

【図2-17】研究開発戦略策定プロセスの概要

このように経営戦略をベースとして導かれる研究開発テーマと並行して全社に公募して採用される研究開発テーマがある。公募テーマの中には稀に経営戦略立案時には議論もされなかったユニークで将来性を秘めたテーマもあり慎重な審議が必要となる。提案される研究開発テーマは、決められた書式に従って研究開発計画書と共に技術企画室など担当部署に提出される。書式は、①提案テーマ名、②提案者と提出日付、③提案の目的、背景（提案テーマのコンセプト）、④目標とする製品や技術の内容と困難度、⑤目標に達するための開発プロセスの概要、⑥開発に要する投資額の概算、⑦標的市場と期待される売上規模（技術の場合は有用性）、⑧競合する製品、技術、企業名など、⑨開発スケジュール、⑩関連する特許および文献（添付資料）などの項目が記されている。

　公募される研究開発テーマは、事業部門、企画・研究開発部門、生産部門などでの日々の企業活動を通して生まれてくるが、それらのテーマが提案される要因（あるいは"きっかけ"）として、下記のように社内要因と社外要因に大別することができる。

社内要因	・原料転換などによる生産コスト削減や品質改良・クレーム処理などの緊急要請
	・経営戦略などで取り上げられなかった新規事業あるいは既存事業拡大のための新技術・新製品開発などの発想
	・課題解決のための蓄積された既存技術の利用や新技術・新製品に関する情報を利用するひらめき
社外要因	・国内外の大学・国公立研究機関・協会・他社（顧客など）からの打診・要請
	・市場や規制など外部環境の変化
	・競合他社からの刺激

しかし、社内要因、社外要因の境界は非常に曖昧であり、両方の要因を通して生まれてくるテーマも多くある。重要なことは、テーマを提案する人の常日頃の心構えと真剣さであり、関連する情報を論理的に解析したり、非公式な実験で確かめたりして確信をもって提案する場合と、ただの思いつきで提案する場合とでは、テーマのいわゆる質の良さに大きな開きが生じる。企業全体としてテーマが頻度高く出るか出ないかは、３Ｍ社のような「15％ルール」を実行している企業文化や風土などに大きく依存すると思われるが、企業によっては質の良いテーマをなるべく多く提案させるよういろいろな仕組みが取り入れられている。例えば、アイデアバンクなどのテーマ提案制度を設け、常時提案を受け付け登録するとか、また、提案に対する報奨制度を制定している企業もある。

　このようにして、集められた研究開発テーマは、研究開発テーマ審査委員会などと称する会議体で、経営戦略、技術戦略、研究開発戦略の策定プロセスで明らかとなった外部および内部環境分析の結果をベースに、市場および技術の視点から徹底的に議論され、テーマの実行から得られる成果が予測され、テーマ選定基準に従って採用、不採用が決定される。通常、このような委員会には上記特別チームの他、事業本部傘下の事業企画室、製品開発センター、研究開発本部傘下の研究開発センターから企画推進室、関連する研究室、プロジェクト推進室、および知的財産センター、生産本部傘下の生産技術開発センター、コーポレート部門の経営企画室や技術企画室などから審議されるテーマによってリーダークラスの主要幹部が出席する。また、研究開発テーマは、このように日々の企業活動を通して生まれてくるが、企業の経営を担う役員の活動から生まれてくることも多々ある。これらのテーマは、経営層から提案されたということでそれなりの重みがあり、研究開発テーマ審査委員会などで議論するのが遠慮がちになるが、この場合でも、市場および技術の視点から徹底的に議論されねばならない。研究開発テーマが一人歩きし、テーマ審査委員会やテーマ

選定会議で充分な審議もなく決裁されたために、後で大きな経営的損失を招くことがある。

　研究開発テーマ選定基準としては、戦略、期待効果、投入資源、推進体制、開発状況など各社独自の基準を決めているが、製品開発と技術開発テーマ（含むプロセス開発）に大別しそれぞれについて重要視される基準として以下のような項目が挙げられる。

・製品開発テーマ　　　　①全社経営戦略および事業ドメインとの整合性
　　　　　　　　　　　　②事業面・技術面でのシナジー効果

・技術開発テーマ　　　　①全社技術戦略との整合性
　（含むプロセス開発）　②技術の側面からの社内シナジー効果
　　　　　　　　　　　　③技術の先進性・オリジナリティー

　審査委員会で選ばれた研究開発テーマについては、さらに、当該研究開発テーマを担うと予想されるリーダーを含む少人数のチームが編成され、テーマの技術戦略の立案時に使用された資料、すなわち、内外の環境分析、技術マップ、技術ロードマップ、特許マップ、技術の獲得戦略（自社開発、共同開発、技術提携、ライセンスなど）などがレビュー、検証された後、研究開発効率のアップや成功へのKSF（成功要因）がより明確にされる。その結果を踏まえ、研究開発のシナリオが作成され必要に応じて提案された当初の研究開発計画書が修正される。このようにしてまとめられ絞り込まれた研究開発テーマは、担当役員（CTOの場合が多い）が出席する研究開発テーマ選定会議で審議され正式な研究開発テーマとして登録された後、技術戦略立案過程で選択された研究開発テーマと一緒、あるいは個別に経営会議の場で稟議決裁される。

また、研究開発テーマへの資源配分であるが研究開発に投じられる経営資源として売上高の何％（最近は研究開発から得られるリターン＜収益＞の何％というような考え方に変わってきている）を当てるかについては、企業戦略、事業戦略、そして技術戦略の立案の過程で議論され決定される。研究開発に必要な経営資源としては、研究者の人件費と活動に必要な諸経費、研究開発を実行するための機器・設備費、原材料費などがある。よく見落とされるのが機器・設備費の中に、ベンチスケールの設備費やパイロットプラントの設備費である。研究開発に投資する経営資源の中で、最も戦略的に重要視されるのが投資額の約半分を占める（経験的に）人件費である。研究開発テーマを研究開発の期間によって、短期テーマ、中期テーマ、長期テーマに区分し、それぞれのテーマにかける人件費（研究者の人数）の総額を戦略的に決める場合がある。経営戦略で、既存の事業構造の変革や新規事業の創出にかなりの経営資源を投入することが謳われているのであれば、ハイリスク・ハイリターンの長期テーマの数も多くなり、人件費も増加してくる。また、長期テーマだからとりあえず少人数の研究者を配置すればよいということにはならない。長期テーマといえども短期間で技術的な第一段階の開発目標（里程標、マイルストーン）をクリアして特許を出願し、その継続の可否を判断するという戦略も考えられる。

　研究開発テーマについて社長が出席する経営会議で稟議決裁を受ける判断基準となる主要な事項を以下に記す。

1. その研究開発テーマが、企業戦略、事業戦略、技術戦略、研究開発戦略と整合性を有しているかどうか。
   この判断をする場合、研究開発で期待通りの成果が得られ、新製品が市場投入され、企業戦略で目標とした年に目標とした売上高が達成できるような研究開発計画書になっているのかどうか厳しくチェックされる。研究開発計画書では往々にして市場

開拓にかかる期間が見落とされているケースが多い
2. 限られた経営資源の中で、研究開発を実行する優先順位に妥当性があるのかどうか。
経営戦略と技術戦略の間で時間軸に「ずれ」のないことが本来の姿であるが、研究開発での成果の不確実性から往々にしてこの「ずれ」が生じる
3. 既存事業構造の変革や新規事業の創出など企業の発展に大きく貢献する中長期的なテーマが存在しているかどうか。

　上記1.にも関係するが、企業の競争力優位性の維持・発展は、研究開発テーマの選択とその成果にかかっており、技術戦略および研究開発戦略策定過程で決裁された研究開発テーマおよび研究開発テーマ選定会議で正式な研究開発テーマとして登録された公募テーマの中には、短期的なテーマだけではなく、既存事業構造の変革や新規事業の創出など企業の発展に大きく貢献する中長期的なテーマが入っていなければならない。そのような研究開発テーマは、潜在的なニーズに対応しそのニーズが3年から5年先に顕在化するようなテーマであり、そのテーマの選択に当たっては企業が関わる産業や事業領域の未来をしっかりと予測する企業の総合力が必要になる。

(1)研究開発戦略における企業戦略技術領域と事業戦略技術領域

　既に述べたように、技術戦略は、技術の視点から企業活動全体をカバーする戦略の一つであり、技術戦略で取り扱う技術領域は、企業（全社）戦略に基づいた全社を貫く"全社（コーポレート）戦略技術領域"と、個々の事業戦略に基づいた"事業戦略技術領域"の二つの戦略技術領域を明確にする必要がある。従って、技術戦略に基づいた研究開発戦略にも企業戦略技術領域と事業戦略技術領域の二つの戦略レベルがある。これらの戦略技術領域は以下のような企業および事業戦略で

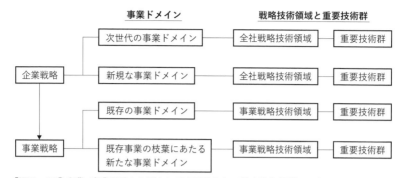

【図2-18】企業・事業戦略から導かれる事業ドメイン、戦略技術領域と研究開発テーマの関係

設定された事業ドメインに対応している（**図2-18**参照）。

全社戦略技術領域：企業戦略で打ち出された次世代の事業ドメイン
　　　　　　　　　創出を追求する全社共通としての戦略技術領域
　　　　　　　　　とその領域における重要技術、また、事業戦略
　　　　　　　　　では採用されなかった新規な事業ドメインの確
　　　　　　　　　立に必要となる戦略技術領域とその領域におけ
　　　　　　　　　る重要技術

事業戦略技術領域：事業戦略で打ち出された既存の事業ドメインの
　　　　　　　　　維持・強化（コストダウン、品質改善など）お
　　　　　　　　　よび既存事業の枝葉にあたる新たな事業ドメイ
　　　　　　　　　ンの確立に必要となる戦略技術領域とその領域
　　　　　　　　　における重要技術

　後述するように技術戦略では、内部および外部環境分析から戦略技
術領域とそこにおける重要技術が抽出されるが、特に研究開発戦略に
おける全社戦略技術領域の中には、事業ドメインと関係なく、全社的
に深耕すべき重要技術や先端的な分析解析・評価技術などが含まれる
場合もある。

(2)選択された事業ドメインと 研究開発テーマとの関係

　一般に研究開発は研究の目的や内容から以下のように四つに分類される。

・基礎研究　　　自然界の現象や法則を探求する科学的な研究
・目的基礎研究　新製品や新生産プロセスなどの開発を目的とした理論的・実験的研究
・応用研究　　　基礎研究および目的基礎研究によって得られた知見を利用して特定の製品の実用化の可能性を確かめるために行う要素技術や生産プロセス技術に関する研究、品質改良やコストダウンを目的とする生産技術の研究
・開発研究　　　応用研究から得られた技術を組み合わせ、新製品をパイロット段階から工業的生産規模を経て商品化に至らしめる実用化研究

　企業における研究開発は、大規模な企業では基礎研究部門を有しているが、ほとんどの企業では主に、目的基礎研究、応用研究、開発研究が行われ、基礎研究（時には目的基礎研究）は大学や公的研究機関などと提携して進められるケースが多い。化学産業では、大規模な企業や多くの医薬メーカーなどが基礎研究部門を有している。
　一方、研究開発テーマの種類としては、製品を創出するための技術を開発する「研究テーマ」と市場（事業）を創出するための製品を開発する「開発テーマ」に大別され、さらに「研究テーマ」を製品（現製品と新製品）と技術（現有技術と新技術）の軸で4種類に、「開発テーマ」を製品（現製品と新製品）と市場（現市場と新市場）の軸で4種類に、計8種類のテーマに分類することができる。新技術の開発から

【表2−5】選択された事業ドメインと研究開発テーマとの関係

企業及び事業戦略から選択された事業ドメイン	戦略技術領域における要素技術の研究開発	研究開発テーマの内容・目的（・分類）
（全社共通）	基礎研究、目的基礎研究	コアテクノロジーの深耕、分析解析・評価技術の強化（コーポレートテーマ）
次世代の事業ドメイン	基礎研究、目的基礎研究、応用研究、開発研究	次世代製品・製造プロセスの創造（コーポレートテーマ）
新規な事業ドメイン	目的基礎研究、応用研究、開発研究	新規な製品・製造プロセスの創造（コーポレートテーマ）
既存の事業ドメイン	応用研究、開発研究	安定操業、コストダウン、品質改良、機能付加など（事業部テーマ）
既存事業の枝葉にあたる新たな事業ドメイン	目的基礎研究、応用研究、開発研究	既存商品の枝葉にある新たな製品（事業部テーマ）

　新製品を創出する「研究テーマ」では、基礎研究や目的基礎研究が主体となり、新製品で新市場を創出する「開発テーマ」では、商品化のための応用研究や開発研究が主体となる。また、研究開発に要する期間から短期テーマ、中期テーマ、長期テーマのように分類され、さらに研究開発費負担部門の観点からコーポレート（全社）テーマ（主として中長期テーマを取り上げる）と事業部テーマ（主として短期テーマを取り上げる）に大別されることもある（時にはコーポレートと事業部門が共同負担して進められる研究開発テーマもある）。ここで、企業戦略および事業戦略から選択された事業ドメイン、それら事業ドメインを具現化するための研究開発、研究開発テーマとの概括的な関係を**表2−5**に示した。

2−10. 重要な保有技術の棚卸（技術系譜）

　上述のような研究開発テーマについて公募テーマからの絞り込みや経営戦略をベースとする決定方法のいずれにおいても、現在企業が保

有する自社開発技術および外部からの導入技術を時系列的に詳細に整理、解析し、保有技術の棚卸（技術系譜）をしてみることが非常に重要である。企業の創立当時の事業を維持、拡大し、その上に幾つかの新しい事業を創造し、維持、拡大して今日の業容に至る過程で、既存の事業を支え、また新たな事業を創造する原動力となった様々な技術が存在する。もちろん、市場の予測不可能な変化や、手持ち技術の劣化、あるいは強力な競合他社の出現などで競争力を失い、衰退した、あるいは既に消え去った事業もあるであろう。また、鋭意研究開発に取り組んだが事業に至らず、技術だけ（復活、活用されることもしばしばある）が残ったケースもあるであろう。このような蓄積されてきた技術を要素技術に分解し、同じカテゴリーにある要素技術を束ねて技術プラットフォーム（TPF：Technology Platform；技術基盤とも称される）としてまとめていくと、現有事業を支える源泉としてのコアテクノロジー（Core Technology）が浮き彫りにされてくる。コアテクノロジーは単独、あるいは幾つかの鍵となる要素技術（キーテクノロジー[注18]：Key Technology）の集合体として捉えることもできる。コアテクノロジーは企業にとって差別化の源泉となり、企業の競争力の優位性を確保するための命となる技術である。従って必然的に研究開発テーマを選択・決定する際にできるだけコアテクノロジーを利用、あるいはその領域ないし延長線上にある技術が応用可能なテーマが選択される。全くかけ離れた技術領域が研究開発の対象になる場合は、M&Aなどによる戦略的技術の獲得やオープンイノベーション[注19]と称される他社あるいは官学との連携が検討される。この作業は、技術企画部門（前述）、研究開発部門、各事業部の技術担当部門、生産技術部門などから選出された特別チームによって進められる場合が多いが、いわば過去の「技術ロードマップ」作りであり、このマップを通して得られる情報は、技術戦略の立案にとってなくてはならない非常に重要な情報となる。一例としてこの作業の概念を**図2－19**に示した。実際には要素技術の種類も数ももっと多く相互に入り組んだ複雑

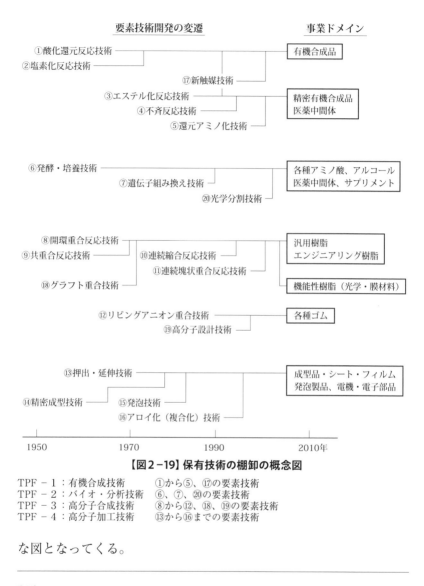

【図2-19】保有技術の棚卸の概念図

TPF－1：有機合成技術　　①から⑤、⑰の要素技術
TPF－2：バイオ・分析技術　⑥、⑦、⑳の要素技術
TPF－3：高分子合成技術　　⑧から⑫、⑱、⑲の要素技術
TPF－4：高分子加工技術　　⑬から⑯までの要素技術

な図となってくる。

注18) **キーテクノロジー（Key Technology）**

　キーテクノロジーという言葉は、技術経営論でよく使われるが、キーテクノロジーは次の四つの条件を満たす技術と言われる。

　①それ自体が持続力のある競争優位をつくり出す

②コストや特異性要因（例えば差別化）を自社に有利な方向に動かす
③先発者としての優位をもたらす
④業界全体の構造を改善する

この他に、ペーシングテクノロジー（Pacing Technology）とベーステクノロジー（Base Technology）の二つがある。ペーシングテクノロジーは、競争に与える影響は大きいがまだ普及していない技術、ベーステクノロジーは、キーテクノロジーが発展しもはや独占的でなく広い市場で使われるようになった技術のことである。キーテクノロジーを保有する企業は、リスクマネジメントの観点から、ペーシングテクノロジーを常にモニターし、必要に応じてそれを獲得するための投資決定をすることが求められる。

^{注 19)} **オープンイノベーション（Open Innovation）**

2003 年にハーバードビジネススクールのチェスブロウ准教授（当時）によって提唱された概念[17] で、イノベーションをおこすために企業内の資源のみに頼るのではなく他企業や大学、公的研究機関などとの連携を深め、大幅な研究開発のリスク軽減と期間の短縮を目的とする。技術の独自性が損なわれる危険性がある一方、相互に触発されて革新的な技術を生み出す可能性もある。オープンイノベーションを全社的な経営課題として取り組んでいる例として、P&G 社（米）は製品のライフサイクルの短期化などへの対応として、2000 年以降、新製品開発における外部の技術・アイデアの取り込みを推進している。具体的には、担当役員を設置して、社外の研究者・サプライヤーなどとネットワークを構築、社外技術の調査を行う専門職員を事業部門外に設置、社外に存在する補完的技術または保有企業そのものを買収する部署を創設、自社ウェブサイト「コネクト＋デベロップ」で製品開発上の技術ニーズを公開し広く技術シーズの募集などが行われている。

第3章

研究開発テーマの実行におけるマネジメント

3-1. 戦略体系での技術戦略および研究開発戦略策定プロセスの位置付けと評価サイクル

　これまで述べてきたように、特に「ものづくり」企業にとって、企業戦略、事業戦略、技術戦略（中でも研究開発戦略）は基本となる重要戦略であるが、各戦略を実行する過程で、企業戦略、事業戦略については、短中期的な視点では1年から3年の評価サイクルで、長期の視点では5年程度の評価サイクルでそれら戦略の見直しが行われるのが一般的であった。しかし、近年になって頻繁に起こる急激な市場の変化と技術進歩の速さなどから評価サイクルは大幅に短縮されていく傾向にある。一方、技術戦略については、技術戦略策定で得られた行動計画書に基づいて実行される研究開発の結果が通常1年ごとに評価され、評価結果が経営レベルにまでフィードバックされ各戦略の見直しが行われる。企業の戦略体系における技術戦略および研究開発戦略の策定プロセスの位置付けと評価サイクルを**図3-1**に示す。各々の研究開発テーマについての実行結果の評価については年一回程度の頻度で経営会議などの場で審議され、テーマの続行、撤退、予算の増額、減額などが決められる。特に企業にとって企業価値創造に大きなインパクトを内包するハイリスク・ハイリターンのテーマについての評価は議論の限りを尽くして慎重に行わねばならない。短期的な

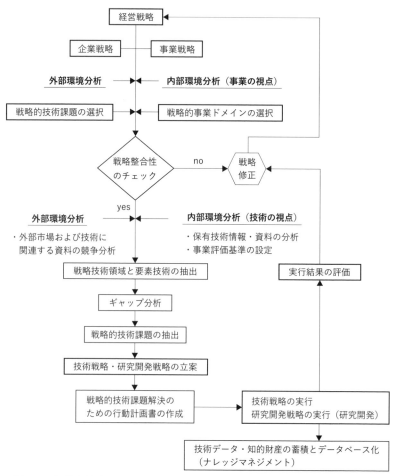

【図3−1】技術戦略および研究開発戦略策定プロセスの位置付けと評価サイクル

観点から撤退を決断したために後発の競合他社に新市場を奪われることもある。企業の将来性を決断する最高経営責任者（CEO：Chief Executive Officer）と最高技術責任者（CTO：Chief Technology Officer）の責任は重大である。

3–2. 進捗度管理とステージゲートモデル

　新技術を開発し新製品を創出することによって新規事業の創生を目標とする研究開発テーマの場合、経営課題としての重要度が高く、技術開発および製品開発における総合力を結集する目的から全社的なプロジェクトチームが編成されることが多い。このようなプロジェクトチームでは、新製品開発プロセスのどの段階にいるかが常に認識され、その段階に起こすべきアクションの機会や選択肢を適切に判断していくことが求められる。このように基本的には**図3－1**を意識しながら研究開発の全体を進捗の度合いの段階（フェーズ）に分け、各段階で審査を行い、基準を満たせば次の段階に進むようにプロジェクトを管理していくPPP（段階的プロジェクト計画法：Phase Project Planning）という管理手法がある。その代表的なモデルの一つとしてしばしば企業において採用されるステージゲートモデル（Stage-Gate Model）がある。この管理手法は、上述のような全社プロジェクト以外の研究開発テーマについても適用されることが多い。

　これは新製品や技術開発プロセスを研究開発テーマの提案から実際の事業化に至るまでの過程をステージ（段階）とゲート（門）に分けて示し、各段階とゲートの対応関係を示しているのがこのモデルの特徴である。これまでに名付けられたゲート（門）には、「魔の川：River of Devil」[18]や「死の谷：Valley of Death」、「ダーウィンの海：The Darwinian Sea」などがあるが、化学産業において理解し易いように定義すると、基礎的な研究開発において成果があがっても、それを実用化に耐える技術として確立するまでにフラスコスケールからベンチスケールに至る「魔の川」、ベンチスケールからパイロットスケールに至る「死の谷」があり、多くの研究成果が「魔の川」や「死の谷」に落ち込み堆積される。そして、実用化された技術から新たな事業の芽が生まれたとしても、その事業が実際に採算に合う事業に進化する

までに「ダーウィンの海」、すなわち、恐ろしいサメなどの外敵（競合他社）や荒れ狂う嵐（技術的困難や事業リスク）を乗り越えていかねばならない、ということを表している。「死の谷」を何とか乗り越えた新たな事業の芽（パイロット設備で製造された製品の市場開発）を抱えて、まさしく荒れ狂う第一段階目の「ダーウィンの海」を乗り越えていく使命を担っているのである。経済産業省の調査（2000年）では、製造企業の約8割が、研究成果を実用化できずに「魔の川」や「死の谷」に眠らせているとしており、それらの成果を実用化させるために支援をする制度を創設している。いずれにせよ、研究開発から実際の事業を創出する確率は小さい（第6章参照）。それでも研究開発に携わる研究者や技術者は、企業の存続と発展のために新技術、新事業創出に向かって辛抱強く果敢に挑戦していかねばならない。それは研究者や技術者に課せられた使命であり自己実現のためでもある。各ゲートでは予め完了のための評価基準を決めておき、次のステージに進むために、継続（Go）、打切り（Kill）、現状維持（Hold）、見直し（Review）といった判断が下される。ステージの区分は研究開発テーマによって異なるが、新技術を開発し新製品・新事業を創出するという研究開発テーマの一般的な例を以下に示す。特に、ステージ Ⅲ からステージ Ⅳに移行するゲート（3）での判断は、ステージ Ⅳが、パイロットプラントを建設し、このプラントでの実証試験と試験製造を行い、試験製品の本格的市場開発という段階になり、一気に相当な資源を投入することになるため、ステージ Ⅲまでに得られた技術的なデータと市場（あるいは顧客）のニーズが変わっていないことを検証し、初期段階のFS（Feasibility Study：事業化可能性についての検証）を行うなど、慎重な経営的判断が求められる。通常、パイロットプラントは新規に建設される場合と多目的パイロットプラントとして常設されている場合があるが、減圧から高圧あるいは低温から高温に対応した合成反応装置、蒸留・抽出などの分離・精製装置など、単位操作ごとにモジュール化されたパイロットスケールの装置を備えた多

目的パイロットプラントを共通設備として保有することが望ましい。さらに、ステージ Ⅳからステージ Ⅴに移行するためのゲート（4）では、ステージ Ⅴで本設備の建設という最大の投資が必要となるために、繰り返し FS を行い、投資した資金の回収期間が新規投資決裁規程に合致しているとの確認、市場（あるいは顧客）のニーズが変わらず本製造設備建設完了後（本製造設備建設に最低 2 年はかかる）も計画通りの売上高が見込めるとの確証めいたものが必要となる。往々にして本製造設備建設期間の間に市場や顧客のニーズが変わり、大きな損失を被ることがあるので、ゲート（4）の経営的判断には細心の注意が必要である。ステージ Ⅵは、研究開発から本製造設備の建設までに費やした全ての投資資金を回収し、その上に営業収益がコンスタントに得られる段階、すなわち、本格的な事業化段階を示し、新事業の創出が達成されたこと（この状態を産業化と呼称されることもある）になる。ゲート（4）および（5）は、いずれもいわゆる「ダーウィンの海」に相当するが、どちらかと言えばゲート（4）の方がより荒れ狂う「ダーウィンの海」となるケースが多い。

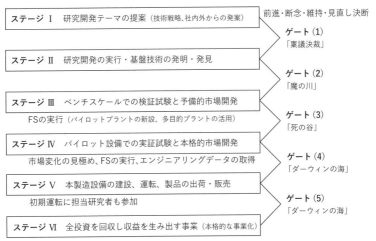

【図3－2】新製品開発プロセス－ステージゲートモデル

3-3. ビーカースケールから
ベンチスケールへ-魔の川を乗り越える

●魔の川を乗り越えるためのKSF

　研究開発を実行するに当たって先ず研究開発者あるいはそのグループが行うべきことは与えられた研究開発テーマと企業戦略や技術戦略の関係を充分理解し企業が追求する目標（新技術や新製品、ビジネスモデルや新規事業など）を共有することが何よりも重要である。そして戦略立案に使用された情報、資料を徹底的にレビューすることに時間を割く一方で研究開発のスピードを上げるために近年目覚ましい進歩を遂げつつある計算機化学[注1]、コンビナトリアルケミストリー法[注2]、マイクロリアクター[注3]、マテリアルズ・インフォマティクス[注4]、そして先端的な分析機器・手法などの適用についても検討することが重要である。その上で時間軸を重要視した推進スケジュール管理表を作成するのが常套である。ここで魔の川を越えるためのKSFについて考察するが、KSFは具体的には研究開発者自身による知識の創造（ナレッジクリエーション）が起点になると思われ、それがどのような要因が重なったときに生まれ、そして創造された知識を利用してどのような過程を経て新技術の発明や新規事業創出に繋がるのであろうか（**図3−3**参照）。研究開発者が有している知識は、①大学など高等教育機関で学んだ専門知識（科学と技術）、②入社以来学び習得した企業固有の技術（企業の技術水脈、コアテクノロジーと事業の発展・拡大の因果関係、**図2−19**参照）に関する知識、③企業の経営・技術・研究開発戦略についての知識、④国内外の既存事業の市場や競合相手に関する知識、⑤市場（顧客）ニーズの動向や社会の変化についての知識、⑥国内外の専門誌、大学、学会や公的研究機関、そして同じ専門仲間、恩師などを通して得られた知識、などがあ

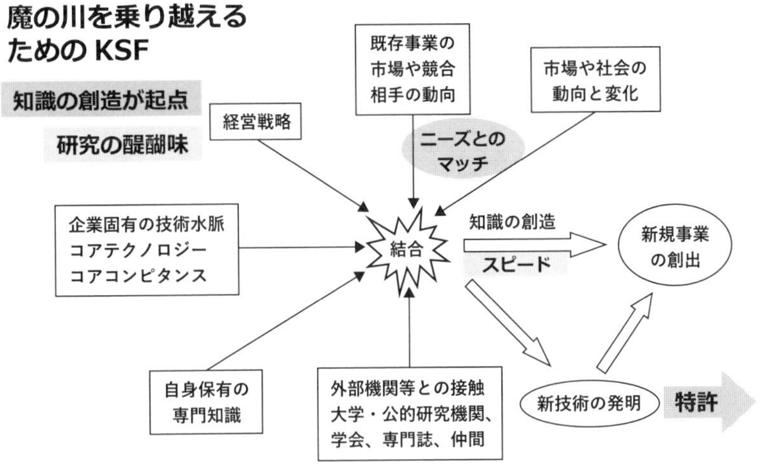

魔の川を乗り越える
ためのKSF
知識の創造が起点
研究の醍醐味
経営戦略
既存事業の
市場や競合
相手の動向
市場や社会の
動向と変化
ニーズとの
マッチ
企業固有の技術水脈
コアテクノロジー
コアコンピタンス
結合
知識の創造
スピード
新規事業
の創出
自身保有の
専門知識
外部機関等との接触
大学・公的研究機関、
学会、専門誌、仲間
新技術の発明
特許

【図3－3】知識の創造と新技術の発明、新規事業の創出

る。強弱はあれ研究開発テーマの選定時あるいは研究開発実行中に何かの“きっかけ”や“ひらめき”（当事者の情熱と執念が大切）でこれらの知識のいくつかが結合（セレンディピティ[注5]と呼んでもよい）し新たな知識創造（Knowledge Creation）が達成される、と思われる。恐らく新技術の発明には②と⑥が、新規事業の創出には②と⑥の上に④および⑤の知識の結合が欠かせないだろう。しばしばイノベーションには異能な人材の掘り起しと活用が重要だと言われている[19]が、このように、一般的な研究開発者に如何に上述の如き知識獲得の機会を得させるか（また、自ら得るか）が人材育成の要となる。

また、特に、上記②および③については、企業におけるナレッジセンターの構築と技術ナレッジのマネジメントに大きく依存している。日本の企業が世界で戦い、勝ち残っていくためには、知的財産の創造と活用が益々重要となってくると認識されている。企業活動の多くはナレッジを創造し共有していく活動であり、企業のナレッジが企業価値そのものであると考えられ、AIはじめ情報・デジタル技術の進歩・普及と共にナレッジマネジメント（Knowleage Management）の重要性が益々高まっている。ナレッジマネジメントの究極の目的は、

企業自らがより高い付加価値・サービスを創造するために、個人や組織の能力を最大限に発揮できるように企業の仕組みを変革することにあり、従って、ナレッジマネジメントとは、単に知識−知恵をデータベース化するだけでなく、ナレッジを軸とした企業経営にシフトしていくことが大切となってくる。そのためには、企業を構成する一人ひとりが、自分の得意分野でプロフェッショナルであることが重要であり、プロフェッショナル同士のネットワークが最終的に企業の付加価値を生み出していくことになる。全ての企業活動を包括したバリューチェーンにおいて、それぞれの活動領域における戦略の立案・策定に用いた情報と戦略の実行から日々の企業活動を通して生み出された有益な情報の全てをデータベース化してナレッジセンターに蓄積し活用するというナレッジセンターのコンセプトを**図3−4**に示す。

　技術に関する企業活動から生み出される技術ナレッジのマネジメントは技術経営（MOT）にとって不可欠なものとなってきている。蓄積されたデータベースの活用の仕方によっては、ナレッジクリエーション（Knowledge Creation）をもたらし企業の技術競争力の強化やイノベーション創出へと繋がっていく。このような蓄積資産化された技術ナレッジを、インターネットを駆使して有効に活用するためには、技術資産のデータベース化が必要になる。

　このような技術情報データベースを構築し、検索エンジンを導入することによって研究者や技術者が自由に必要な技術情報を活用することができる。**図3−4**では全社業務における技術情報のデータベース化を示しているが、ある目的をもって技術情報の範囲を決め、それらをデータベース化し技術ナレッジとして利用することも可能である。例えばこれまでの膨大な研究報告書をデータベース化し、過去に開発された技術やその履歴などを検索することによってブレークスルーのための重要なヒントを得ることも可能である。また、検索時に社外の技術情報網にも接続され関連技術情報が同時に得られるような工夫がなされておれば非常に有効である。

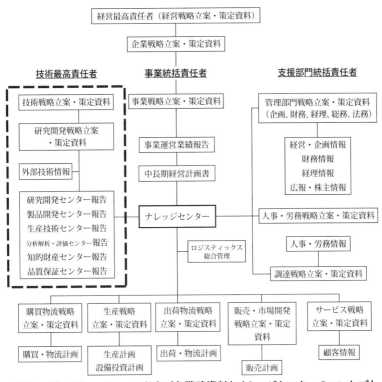

【図3-4】バリューチェーンおよび各戦略資料とナレッジセンターのコンセプト

　技術ナレッジマネジメントシステムの構築にはかなりの労力と先行投資が必要であるが、DX（Digital Transformation）が急速に深化しつつある昨今（第8章参照）、既に多くの企業で精力的に取り組まれていると推測される。今や技術ナレッジマネジメントは技術立社を目指す企業の総合的な技術競争力の向上、そしてイノベーションの誘発に欠かすことができない技術経営手法の一つになっている。

注1) **計算機化学（Computer Chemistry）**
　コンピュータを使って、分子やその物性、合成法などの化学に関する問題を解決する方法で分子設計や材料設計などに応用される。

注2) コンビナトリアルケミストリー法（Combinatorial Chemistry）

　ナノ技術の一つで、組み合わせの概念に基づいて、化合物誘導体群（ケミカルライブラリー、化合物ライブラリー）を作り出すことが可能な合成技術と方法で材料開発の高効率化のための革新的な技術である。また、物質の合成技術のうち、最もシステマティックな手法と言われている。

注3) マイクロリアクター

　直径数μm〜数百μmのマイクロ空間内の現象を利用した化学反応・物質生産のための混合・反応・分離などの単位操作の集積化システム

注4) マテリアルズ・インフォマティクス

　高精度に計算した材料データベースや人工知能などを活用して新材料や代替材料を効率的に探索する取り組み

注5) セレンディピティ（Serendipity）

　何かを必死に考え探しているときに、探しているものとは別の価値があることを偶然に見つけることを意味し、「遇察力」と訳されることもある。自然科学においては、失敗してもそこから価値ある貴重な原理や事実を見落とさずそれが成功に導く鍵となるという、一種のサクセスストーリーとして、また科学的な大発見を身近なものとして説明するためのエピソードの一つとして語られることが多い。セレンディピティによって大発見に繋がった事例は数多く挙げられているが、近年では、フラーレン（C60）の発見（1985年）、高分子質量分析法（MALDI法）の発見（1991年）などがある。

●知的財産(特許)戦略の重要性

企業活動の中で、知的創造活動が最も盛んな部門は研究開発の実行

部門であろう。その創造者に知的財産基本法という法律によって一定期間の権利保護を与えるようにしたのが知的財産権制度である。知的財産権制度がそもそも目指すところは、知的創造者に法律によって一定期間の権利保護を与えることによって新しいものを創造しようという意欲を活性化させ、知的創造の成果を人類共通の資産として蓄積し、将来にわたって人間社会に豊かな生活をもたらすことにある。**図3−2**に示される各ステージにおいて知的財産にかかわる調査や申請・獲得は競争優位の観点から戦略的に常に考慮されねばならないが、特に初めて研究開発が実行されるステージ Ⅱにおいては、新規な技術や製品の芽が創出される度ごとに将来のビジネスモデルや市場参入領域・地域などグローバルな視点から特許出願などの可能性を検討し適切かつ迅速な諸策を講じていかねばならない。

　図3−5に示されるように、知的財産権[20]には大きく分けて、知的創作物についての権利と営業標識についての権利の二つの権利があるが、研究開発の実行部門に従事する研究者は、少なくともこれら権利の中で、産業財産権と呼ばれる四つの権利、すなわち、特許権、実

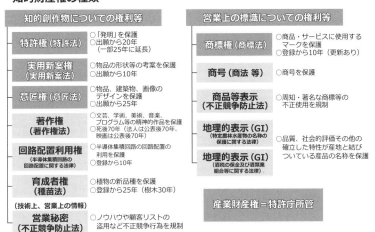

資料：2020 年度　知的財産権制度入門テキスト（特許庁）

【図3−5】知的財産（権）

用新案権、意匠権、商標権について良く理解しておかねばならない。製造企業に入社すれば、必ず知的財産権について社内あるいは社外研修を何回か受けることになるが、特に特許権については自らが創造者（発明者）になる（ならねばならない）ので積極的に自己研鑽が必須である。特許上の発明とは何か、国内外の特許情報の調査・解析はどのようにして行い何が分かるのか、できるだけ強い権利を主張するための特許出願はどのように行われるか、出願にはどのような書類が必要であるか、特許出願に関する社内の規程にはどのようなことが定められているのか、出願から登録までの流れはどうなっているか、外国出願から特許登録までの仕組みはどうなっているか、などといった事項について理解を深めることが大切である。

　また、蓄積された知的財産は企業価値を高めるための重要な経営資産であり、現有の知的財産を有効活用することによって競合他社の事業活動を狭め、排除することが可能であり、また、新規参入者の出現を阻止することもできる。一方、これから新たに獲得していくべき知的財産の戦略領域は、企業戦略や技術戦略に沿って定義され、その戦略領域において如何に知的財産を獲得しそれを活用していくかは新技術や新事業の創出にとって極めて重要である。このようにコーポレートテーマの場合は、新事業企画部門、研究開発部門および知財部門、そして事業部テーマの場合は、事業部門、研究開発部門および知財部門が三位一体（第4章参照）となってテーマ発生の時点から知的財産の獲得、活用を戦略的に行い企業の競争優位のポジションを維持・拡大させ、牽いては企業価値の創造を達成していく戦略を知的財産戦略と呼ぶ。全社の戦略における知的財産戦略の位置付けを**図3－6**に示す。

　知的財産戦略を立案する上で基本となる作業として、公開または登録された特許の件数や、それらの特許明細書に記載された技術領域や事業領域、あるいは権利範囲などを検討し、自社の保有技術や発明された技術と競合他社の技術との比較関係を明らかにする知的財産ポー

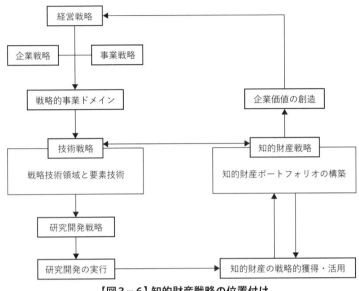

【図3−6】知的財産戦略の位置付け

トフォリオの構築がある。そこでは、主に下記のような資料の作成や
分析が行われる。

1．パテント（特許）マップの作成

　　マップの作成には得たい情報の目的（技術動向、自社や他社
　の技術資源、権利化された技術・用途範囲など）によって軸の
　選択が変わってくるが代表的な軸としては、自社あるいは競合
　他社の年度別出願件数、発明者と出願件数あるいは技術領域、
　技術領域と出願件数、技術とその応用（用途）範囲、技術とそ
　の権利範囲などがある。

2．技術相関分析

　　縦軸や横軸に技術領域や事業（製品）領域をとり、それぞれ
　の塊を企業別に特許件数で表したもので、自社や競合他社の技
　術開発の動向について一目瞭然に俯瞰することができる。

3．サイテーション分析

AIなど情報技術の飛躍で発展した分析方法で、出願特許を
引用・被引用している自社および他社特許の関連性が例えば
IP（知財）ランドスケープとして明示され、将来の事業環境を
予測して現在および将来の競合相手と自社保有特許の相対的な
強みと弱み、買収候補の特許や戦略的パートナーの企業探索な
ど、研究開発の初期段階から何を特許出願し何を社内ノウハウ
として秘匿するかの意思決定に利用される。一方、革新的技術
が出現した時期には特許化の期間が短くこの分析の目的にそぐ
わないこともある。
4．トリアージ分析
　　トリアージ（triage）は仏語で「選抜すること」を意味する。
自社保有の特許で権利行使されていない特許をランク付けし、
他社での使用（特許権利許諾）の可能性を分析する。

●生産技術グループに参加を求めるタイミングが重要

フラスコスケールで新規あるいは革新的な物質あるいは技術が発明
されたとしても最終的にはそれを安全かつ経済的に大量生産する工業
化技術の確立が伴わないと事業化に至らない。魔の川から死の谷を越
えるためには生産技術グループのサポートが必須であるが、物質や技
術が発明されたとしても従来の経験や知識では工業化技術の確立が非
常に困難と判断された場合には躊躇なく生産技術グループのサポート
あるいは協業を要請し魔の川を渡ることが肝要である。

3-4. ベンチスケールからパイロット
　　　スケールへ−死の谷を越える

●パイロットプラントの投資決定とPDCAサイクル

研究開発で基盤技術が確立し、ベンチスケール設備での検証も完了

し、得られた少量の試験品に対する顧客の反応も良く、いよいよパイロットプラントでの実証試験が行われる段階に入ったと仮定しよう。使用するパイロットプラントが既存の多目的パイロットプラントでほぼ対応できる場合はそれ程問題ないが、新しく建設しなければならない場合、相当な費用がかかり研究開発活動で初めて遭遇する規模の大きい投資が始まることになり慎重な判断が求められる。進め方には以下の二つのケースがある。

1. パイロットプラント建設の投資リスク（市場の変化のリスクに連動）を回避するため、相手先と秘密保持契約書を締結し、グループ企業、あるいは小規模から中規模量の合成を手掛ける委託専門会社や民間の研究機関を対象に、合成や生成物の分離・精製などの条件に適合するプラントを有し、市場開拓に必要な量が確保できるかどうか調査する。適切な委託先が見つかった場合、製品の価格（当然、目標とする価格より相当高い）の見積もりを取り、当初計画した市場開拓に充当する予算金額と比較し今後の進め方を決定する。

2. ベンチスケール設備から得られた知見に基づいて、最も経済的な製造プロセスを設計し、秘密保持契約を締結してパイロットプラントの見積もりを機械メーカーに依頼する。この製造プロセスの設計には、例えば生産技術開発センターなどからのプロセス設計に秀でた研究者、技術者を交えて議論を進めていくことが大切である。パイロットプラントの規模（生産量）については、市場開拓を担当する事業部門とよく議論をして決定する。ここで重要なことは、パイロットプラントが建設され稼動するまでの期間が当初の全体の研究開発スケジュールにきちんと組み込まれているが、それにマッチしているかどうか確認することである。パイロットプラントといえども、正式な発注から建

設完了までに１年から２年かかることを知っておかねばならない。

　最終的に１と２のケースのどちらかを選ぶか、その判断のポイントとして、①FS（Feasibility Study：事業化可能性の検証）に与える投資額、②市場（顧客）ニーズの確実性と緊急度、③本製造設備設計のためにパイロットプラントから得られるエンジニアリングデータの必要度、などが挙げられよう。１のケースで得られる製品で素早く市場開拓をはじめ、並行して２のケースの作業を進めておき、市場開拓の動向を見極めた上でパイロットプラントの正式発注をするのが投資リスク回避の観点からベストな進め方であると思われる。しかし、製造プロセスが非常にユニークでそこに競争優位性があるとすれば、１のケースはまずないであろうし、市場（顧客）ニーズの確実性が確認できれば迷わず２のケースを選択すべきである。

　ベンチスケール設備での検証試験およびパイロットプラントでの実証試験は、発明された基盤技術の工業化（事業化）を図る上で極めて重要な作業となる。解決すべき課題が連続して起こるかもしれない。それらの問題を解決するに当たってはPDCAサイクルをフルに回すことが必要である。すなわち、解決の手段を計画し（Plan）、その計画を実行し（Do）、実行した結果を確かめ（Check）、確かめた結果、修正のための行動を起こす（Action）。さらに問題が発生すれば次なる計画を立て（Plan）、実行し（Do）、その結果を検討し（Check）、新たな行動を起こす（Action）、この行動サイクルを確実に回すことによって、最も経済的で安全で操作性に優れた製造プロセスを見出すことができる。特にパイロットプラントでの実証試験は、研究開発センターあるいは製品開発センターと生産技術開発センターが一体となって行わなければならないし、競争力のある本製造設備を設計・建設・運転するためにできるだけ多くの情報を集積していくことが重要である。

●デジタルマーケティングの活用

　フラスコスケールからベンチスケールに進み、ある程度一定な物性や機能を有する新規物質が得られた場合、寸分違わず目標とする物質が得られる確率はそれ程大きくない。どの段階で想定される国内外の顧客にサンプル評価をお願いするかはケースバイケースで慎重を期するにしても、想定される顧客を定めることは事業化への極めて重要なプロセスではあるが容易ではない。そこでここ数年で急速に注目され既に普及し始めたデジタルマーケティングについてその概要を説明する。デジタルマーケティングという言葉はまだ明確に定義された表現は見当たらないが、「Web に代表される新しい技術を通じて実行されるマーケティング活動」のことを指す。デジタルマーケティングでは、開発された技術やそれを応用した仮想の製品情報を信頼できる検証パートナーに可能な限りの権利化（特許出願など）の手続きを完了した段階で提供し、事業化への成功率の向上（研究開発の生産性のアップ）と市場開発の促進が期待される。ここでいう検証パートナーとは、グローバルに潜在顧客企業とのネットワークと信頼できるデータを保有している言わばデジタルパートナーで、既に世界には化学産業に特化した何社かのパートナーが活動している。その一例として、「日本の A 社は開発した新規バイオマスモノマーを日本の2，3社に提供したが期待するフィードバックは得られず、海外でも用途機会を探索することを決め、検証パートナーとして SpecialChem との提携を決めた。SpecialChem は特殊化学品の需要家および使用決定者からなる世界最大のネットワーク（60 万人）と検証作業のエキスパート、人材を保有する。SpecialChem はメンバーのプロファイルに基づきこのモノマーに興味を持つ上位 5,000 ～ 6,000 人のメンバーを特定、オンラインでの絞り込み、A 社によるフォローアップを開始、結局、A 社は 4 ～ 5 カ月で 130 社から意見を集め、25 件のプロジェクトがスタートした」と紹介[21] されている。

3-5. パイロットスケールから 本製造プラントの建設・稼働 －第一のダーウィンの海を渡り切る

　パイロットプラントでの実証試験から得られたデータに基づいて本製造プラントの設備費が算出される。通常この作業は、秘密保持契約を締結し、競争見積もりを得るために複数の機械や機器メーカーと共同で行われる。また、この段階から生産本部傘下の施設部、設備保全部や設備調達担当者が参加してくるであろう。プラントの建設場所（国内外を問わず最適立地の選択）、設備費も決まり、この研究開発テーマで最大の投資を決めることになる。最も重要なことは、本製造プラントが完成する例えば2年後でも、市場（顧客）のニーズに量的（販売数量）な、そして価格的（売値）な変化がないかどうかの判断である。最終のFSの結果はこの判断に大きく左右される。これらを踏まえた上でFSの結果が新事業創出のための投資に関わる社内の稟議決裁規程に合致するのであれば、経営会議で審議・決裁を受けることになる。

3-6. 本製造プラントの定常稼働と 投資累積額の回収 －第二のダーウィンの海を渡り切る

　商業運転が始まると対象とする市場で売上が上がり、収益が得られる。コスト（総費用）、売上高と利益の関係を図3-7に示した。売上高は数量に比例して原点を通る直線になる一方、コストは固定費（人件費や設備投資の償却費等）と変動費（原料費やエネルギー費等）の和となる。図から分かるように損益分岐点売上高よりも売り上げが少ないと売上をコストが上回り赤字であって、損益分岐点を越えて初めて黒字となって利益が生じるのである。この図は年単位の収支とみる

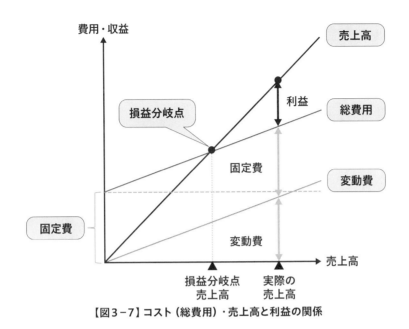

費用・収益

売上高

利益

総費用

損益分岐点

固定費

変動費

固定費

変動費

売上高

損益分岐点
売上高

実際の
売上高

【図3-7】コスト（総費用）・売上高と利益の関係

　と良いが、実際にはこの年度単位の黒字を設備投資を償却するまで継続し、投資累積額を全て回収して初めて事業化に成功したといえるのである。

　「研究開発から事業化に成功した」と明言できるのは、例えばヒューレット・パッカード（HP）社が製品・技術開発プロジェクトの評価のために開発した累計DCF計算手法を応用したリターン・マップ法（**図3-8**参照）において、本格的な事業開始後の利益累積額が過去の研究開発からベンチ、パイロット、そして本製造設備建設に関わった人件費はもとより全ての投資累積額と同額となった時点（Break-Even Time）であろう。往々にして研究開発から本製造設備が建設され製造された製品が実際に顧客に販売された時点で「研究開発から事業化に成功」と発信されるが、実際には長期に亘って赤字が継続している事業も多々あると推定される。このBreak-Even Timeに如何に早く到達するか、現実に企業にとってはここに大きな「生みの苦しみ」がある。

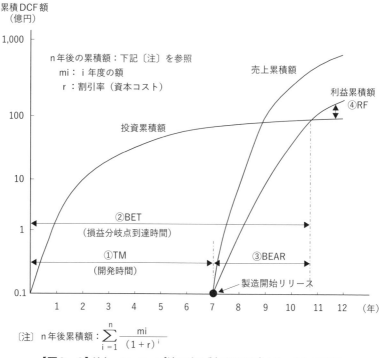

累積DCF額
（億円）

n年後の累積額：下記〔注〕を参照
　mi：i 年度の額
　r ：割引率（資本コスト）

売上累積額

利益累積額
④RF

投資累積額

②BET
（損益分岐点到達時間）

①TM
（開発時間）

③BEAR

製造開始リリース

〔注〕 n年後累積額：$\sum_{i=1}^{n} \dfrac{mi}{(1+r)^{i}}$

【図3−8】リターン・マップ法による製品開発プロジェクトの評価

① TM（Time to Market）：新製品開発開始から上市までの時間
② BET（Break-Even Time）：開発開始後、損益分岐点到達時間（黒字転換）
③ BEAR（Break-Even After-Release）：製造開始後、損益分岐点到達時間
④ RF（Return Factor）：累積収益係数、一定年数後における投資累積額に対する利益累積
　　額の倍率

　図3−8では、縦軸が対数目盛りになっていることに注意してほし
い。投資累積は、パイロットそして本製造設備の建設時に急激に増加
する。製造開始後の損益分岐点到達時間（BEAR）は図では約4年で
あり、製品を販売してから4年でそれまでの投資が回収されたことに
なるが、実際にはそれ以上の長い年月を要するプロジェクトテーマも
ある。化学業界における新製品の研究開発では、製品や製造規模にも
よるが新たな製造設備を建設し本格的な稼動に至るまで最短でも研究
開発開始から5年以上かかるケースが多い。

3-7. イノベーションを誘発する 新たな研究開発組織と施設

　これまで、経営戦略に基づいた技術戦略および研究開発戦略の立案、そして経営会議で決裁された研究開発テーマの実行から事業化までの進捗過程を、ステージゲートモデルを用いて説明してきた。工業化（製造プラントの建設と定常運転）と事業化（利益累積額が投資累積額を上回る）を達成するには、各ステージでいくつかのイノベーションが必須である。このイノベーションの質や頻度を飛躍的に向上させるために、コンカレントエンジニアリング（Concurrent Engineering）[注1]手法の適応など、ハードおよびソフトの両面から工夫された総合的な研究開発施設の建設と運営についてダイセルの例を紹介する。特に、この施設で国内外のお客様と一緒に研究開発も可能と同社の URL にも記されており、日本の化学企業が基礎化学品から機能性化学品（**図2－8**参照）への更なる展開を図り、B to B（Business to Business）から付加価値の向上が期待できる B to C（Business to Customer or Consumer）へのシフトにも非常に有効であると判断される。

　ダイセルは 2017 年 4 月に総合研究所（R&D 系部門）と姫路技術本社（生産技術系部門）を統合して、イノベーション・パーク（iPark）として新たにオープンした。

　iPark には二つの使命がある。新事業を早期に創出することと、既存事業をさらに強くすることである。この二つの使命を果たすことで様々な社会課題の解決策を提案し、さらなる成長に繋げている。

　そのために、従来の働き方を刷新し、研究開発、生産技術・エンジニアリング、企画・マーケティングが別々の拠点に所在していた三者が、この iPark の一つの建物（iCube）に集結し、三位一体となり、活発なコミュニケーションにより、部門を超えて業務効率と生産性を飛躍的に向上させている。

コンセプトは、「融合」、「機能別ゾーニング」、「オープンイノベーション」、「ワークスタイルの変革」、「多様なコミュニケーション」の五つである。その仕掛けとして組織体制面、ハード面、ソフト面について述べる。

組織体制面としては、下記の**図3−9**に示すような体制により、新規事業の創出を達成していくには、これらの組織の横串を通して、統括、連携させるために、イノベーション戦略室を設置した。この戦略室は、iPark所長の直下に、生産革新やエンジニアリングに精通し、工場経験を有する統率力のある技術系マネージャーを配置した。さらに、事業カンパニーを含めた各部門の企画関連の責任者クラスを兼務とし、新規案件を探索、開発研究から移行する際に、品質管理まで見据えて関連する部門のメンバーをプロジェクト的に対応させており、各組織の壁を越えた融合を可能としている。

ハード面では、執務室を大部屋とし、「Activity Based Working（ABW）[注2)]」のスタイルを導入するため、フリーアドレスとし、組織を超えたプロジェクト的な仕事を随時、対応できるよう多様な働き

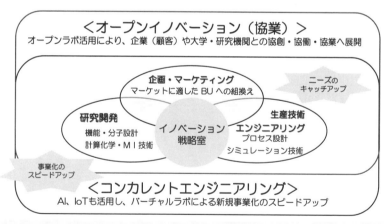

◇探索／企画〜研究〜工業化（量産化）の全てのステージにおいて、オープンイノベーションとコンカレントエンジニアリングを活用し、革新的技術開発と事業化のスピードアップを実現する
◇企画・マーケティング、研究開発、生産技術・エンジニアリングの融合と三位一体運営の実現のために、『イノベーション戦略室』が強力に推進する

【図3−9】新規事業創造の加速と既存事業の強化を目指した体制

方を実現している。フリーアドレスにより、何気ないコミュニケーションから相互の理解や新たな気づき、ひらめきが生まれてくる環境を提供している。また、実験室では、「機能別ゾーニング」を導入しており、各部門ごとで実験室を保有せず、合成、重合、分析、物性測定、化学工学など、実験を機能別に区分けすることで実験の技術、ノウハウやスキルを共有、活用することで、研究開発のスピードを飛躍的に向上させている。研究開発のステージゲートにより、研究テーマのGo/NotGoによる変化に柔軟に対応することができている。一方、オープンイノベーションを積極的に進められるよう各種オープンラボを設置している。特に電材の研究開発では、単なる実験室だけではなく、高いクリーン度、高精度の温湿度制御可能な施設などを配置した。これらオープンラボの稼働率は高く、大学、公的研究機関、国内外の企業との幅広い連携を進めることができている。

ソフト面では、部門間の壁を取り払い、コンカレントエンジニアリングを進め、オープンイノベーションを達成するために、先に述べたABWの徹底により、プロジェクト的な業務を迅速に推進することが可能となった。シミュレーション技術の強化を進め、バーチャルラボ、マテリアルズ・インフォマティクス（MI）に注力し、高機能材料の設計の深耕化と迅速化を図り、ターゲットを絞った実験により、開発期間の短縮を実現している。

さらに、部門間の融合のために、実現したい未来に向けて、メンバーが主体的に議論することでボトムアップ型の提案をする「Do it!」プロジェクト[注3] をiPark開所前から立ち上げ、所員全員が自主的に変革に取り組むことを継続している。

これらの対応により第2部の成功事例紹介（事例32）でも述べるウェハーレンズ開発では、上記で記載したインフラのハード、ソフト面や、オープンラボの活用により、これまでの素材提供からサプライチェーンを成型部材まで展開している（**図3－10**参照）。これにより世界初の硬化系樹脂による精密レンズの量産化技術を確立できた。

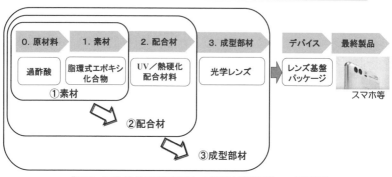

＜光学材料事業への挑戦＞
ウェハーレンズ材料の展開（サプライチェーン）

◆ **自社の強み（脂環式エポキシ化合物）**
を最大限に発揮し、新事業へ展開する

【図3-10】機能材料素材から機能材料部材への展開例

顧客（とりわけリーディングカンパニー）の開拓においては、製造工程の管理や品質管理等を顧客と連携し、組み上げることで顧客の信頼を得ることができ、硬化系樹脂による量産化製法までを実現することで、魔の川、死の谷を乗り越え、事業化へ進めることができた。これは、R&D部門だけでなく、開発の早期の段階から事業化へ向けて、生産技術や品質管理などの関連する部門との連携・協働の総力戦によるものである。

　一方、上記で述べた業務の基盤となるのは「人財」である。「人」にフォーカスし、グローバルな人材育成と一人ひとりが最大限に能力を発揮し、創造性あふれる「職場環境づくり」によって、多様な価値観や発想を採り入れている。その一例として、豊富な経験と高い専門性を持つ技術者を「プロフェッショナル職」と認定し、さらに上位の「フェロー職」を設置するなど、技術者同士が切磋琢磨する職場づくりを目指している。さらに様々な仕掛けを施し、「協創・協働・協業」に取り組みベストソリューションを提供することで、広く社会に貢献している。

注1) コンカレントエンジニアリング（Concurrent Engineering）

　1980年代初頭の米国の自動車産業で生まれた、価格競争や開発スピードにおいて競合他社に勝つために開発された手法で、製品開発における複数のプロセス（ステージゲートモデルにおける各ステージに相応）を同時並行で進め開発期間の短縮やコスト削減を図る手法

注2) Activity Based Working（ABW）

　決められた席で働くスタイルから、自由に場所を選択し働くことによって、よりクリエイティブな成果を促す仕組みのこと

注3)「Do it!」プロジェクト

　組織の壁を越えて、企画・R&D・生産技術・エンジニアリングが融合して、新たな事業化に向けた研究開発テーマのボトムアップ型提案方式のこと。フランクな討論から課題やアイデアを引出し、実現するテーマへ絞り込み、実施を図る手法をとる。

第4章 研究開発の成果を事業化に活かすための知財体制構築

　研究開発活動から生み出された優れた知的財産（Intellectual Property、IP と略称される）[注1] を、如何に事業の競争力の強化や利益に結び付けていくのか。この「問い」は企業の研究開発リーダーにとっては中長期的な計画の策定の段階で自問の対象となると共に、経営者から必ず投げかけられる基本的な「問い」でもある。しかし、実は同じ「問い」に対して、企業の知財部門のリーダーも向き合い、そして悩みを抱えている。

　通常、研究開発部門と知財部門の係わる部分としては、研究開発の結果生まれた知的財産を権利化すること、研究開発の成果を実用化する段階で他社の権利化網に抵触しないことの確認とその手立て、研究開発のテーマの策定段階における特許情報の活用等であるが、実はこれらの業務上の係わりの中で、研究開発リーダーと知財部門のリーダーの間で、先ほどの基本的な「問い」について、腹を割って話し合う機会というのは意外と少ないのではないだろうか。

　本章では、「そもそも論」として、知的財産の本質的な特性に触れると共に、企業内で知財活動を行う意味について振り返ると共に、事例として知財活動チームを母体とした三位一体の知財活動について紹介したい。

[注1] 本稿では、「知的財産」を、権利化されたものおよびノウハウとして企業内に秘匿されたもの両方を含まれる形で定義する。

4-1. なぜ、三位一体の知財活動が 必要となっているのか?

(1)知的財産の真のユーザーは誰か?

　企業において知的財産が使われる主目的は、事業の競争力強化や利益の獲得にある。それでは、企業の中で知的財産の真のユーザーは誰であろうか。この「問い」は知的財産マネジメントについて考える際の基本となるが、意外と触れられていない。知的財産の使用目的からすれば、当然知的財産のユーザーは事業部門となる。それではまだ事業化に至っていない新事業企画領域での知的財産のユーザーは誰であろうか。それは将来事業化に成功した場合の事業部門となる。そして、まだ事業化に至っていない前段階でのユーザーは新事業企画部門となり、将来の事業部門が知的財産を使えるように事業化の準備段階で知的財産の蓄積を行っていく必要がある。以上のように知的財産のユーザーは既存の事業部門または新事業企画部門であり、決して研究開発部門でもなく、知財部門でもないのである。

(2)知的財産の活用への道筋

　次に、既存事業部門または新事業企画部門が知的財産のユーザーとして最終的に知的財産を活用できる状態にするためのステップについて考えてみたい。**図4−1**に知的財産に関連する部門である、研究開発部門、知財部門、および事業部門または新事業企画部門の役割を単純化して示した。知的財産を最終的に活用される状態にするためには、少なくとも知的財産を生み出す人（研究開発部門）、知的財産を権利化する人（知財部門）[注2]、そして知的財産を活用する人（事業部門または新事業企画部門）が関係者となり、それらの間の連携が必要となる。

知的財産を 生み出す人	→	知的財産を 権利化する人	→	知的財産を 活用する人
研究開発部門		知財部門		事業部門 将来の事業部門 （現在の新事業企画部門）

知財戦略とは、想定するビジネスポジションを築き上げるために、知的財産をどのように活用するか明確にすること（知的財産活用のシナリオを作ること）

【図4−1】知的財産の活用への道筋

　ここで、企業において知的財産を生み出しそれを権利化する人がいたとしても、それを活用する人がいなければ、その知的財産は活用されず捨てられることになる。一方、知的財産を活用したい人がいても、その企業において知的財産を生み出し、権利化する人がいなければ知的財産を活用することはできない。

(3)三位一体の知財活動の必要性

　ここで、三位一体の知財活動の必要性について触れたい。先ほど述べたように、知的財産が活用されている状態を築き上げるためには、知的財産を生み出す人、権利化する人、そして活用する人の連携が必要となるが、企業においてはそれらを担当する部門が研究開発部門、知財部門、および事業部門または新事業企画部門にまたがることが多く、そのためこの三部門の連携を図る必要が出てくる。これがいわゆる、企業において三位一体の知財活動が必要とされる理由である。「三

[注2] 知財部門の役割として「権利化する人」と表現したが、実際には研究開発部門で生み出された知的財産を、権利化またはノウハウとして蓄積し、将来の事業部門が活用できる形にするという意味で定義している。

位一体」とは、もともとキリスト教で、父なる神、神の子であるイエス・キリストと精霊が、唯一の神の三つの様態であるという説から来ており、知的財産の活用という意味でも、知的財産を生み出し、権利化し、活用することをそれぞれ3部門で分担して行っているが、本来一つの共通のステップとして捕らえる必要があるというアナロジーとして使われている。

4-2. なぜ、三位一体の知財活動は うまくいかないのか?

(1) 三位一体の知財活動の実態

　三位一体の知財活動という言葉が使われたのは、2002年に国家戦略として知的財産戦略大綱が定められ、国として知的財産の戦略的な活用を促すという方針が出された後となる。そして、2003年に経済産業省から「知的財産の取得・管理指針」[22] において、三位一体の知財活動の重要性が指摘されている。その後、日本企業において三位一体の知財活動の重要性の認識が浸透してきているが、実際には現在でも三位一体の知財活動が実現できている企業は極めて少ないという報告がなされている[23, 24]。

(2) 三位一体の知財活動のボトルネック

　多くの企業で三位一体の知財活動の重要性が認識され、三位一体の知財活動の取り組みが試みられてきたにもかかわらず、なぜ三位一体の知財活動が容易に実現され得ないのだろうか。その原因は複数考えられるが、最も大きな原因は部門間の壁である。三位一体の知財活動では、事業部門（事業企画部門）、研究開発部門および知財部門からそれぞれアップデートされた情報を持ち寄り、関係者で情報共有を行った上で次のアクションに結び付けるようにする必要がある。しか

し、部門が異なるとそうした情報交換が難しく、関係者の情報共有も難しくなる。次に、ボトルネックとして大きなものは、知的財産のユーザーである事業部門（新事業企画部門）のユーザーとしての意識が決して高くないことである[注3]。特に、まだ事業化まで至っていない新事業企画部門のユーザーとしての意識は一般的に低い傾向にある。事業の競争力の強化や、利益の獲得を行う上で自部門に蓄積されている知的財産を如何に活用するのかという「問い」は、ユーザーである事業部門（新事業企画部門）から発せられない限り、その「解」を得ることは難しいと考えられる。もちろん、具体的にどのように知的財産を活用するのか、その具体的な手法自体は知財部門から提案しそれを実行することで、事業部門（新事業企画部門）に対して積極的に協力することは当然のことと考えている。

4-3. 三位一体の知財活動の実例について

(1) 三位一体の知財活動をデザインする上での留意事項

前述の通り、三位一体の知財活動の実現は難しい状況にあるが、そのような状況下で実際に三位一体の知財活動に取り組んだ事例として、筆者が所属していた株式会社ダイセルの実例[24~27]を紹介したい。同社では、三位一体の知財活動を実現化させるため、以下の四つを知財活動のデザイン上のポイントとして活動体制を構築した。第1に、三位一体の知財活動の最大のボトルネックとなっていた部門間の壁を

[注3] ダイセルで進めている知財活動チームの活動を経験することにより、事業部門または新事業企画部門の人も知的財産の重要性についての認識が高まっている。

取り除くために、三位一体の知財活動を事業部門（新事業企画部門）、研究開発部門、および知財部門から任命された担当者からなるチーム（以下、「知財活動チーム」という）を母体として知財活動を行う。第2に、知財活動チームのリーダーとして知的財産のユーザーである事業部門（新事業企画部門）から任命された人をリーダーとする。第3に、知財活動チームにおいて活動を推進させるため、そのドライビングフォースとしてPDCAサイクルを回す。そして、第4に、各知財活動チームで蓄積された知財活動事例を知財活動チーム間で紹介し、横波及できるようにすることである[24, 26]。

(2) ダイセルの知財部門としての長期ビジョン

ダイセルが2010年に立案した知財部門の長期ビジョン[23]を**図4－2**に示す。具体的には2020年までに、既存事業の維持・発展に関しては事業部門、研究開発部門、および知財部門の三位一体の知財活動、そして新事業創出については新事業企画部門、研究開発部門、および知財部門の三位一体の知財活動が活発に行われ、ダイセルおよびグループ企業の発展のために知的財産が有効に活用されている状態にすることをビジョンとしている。

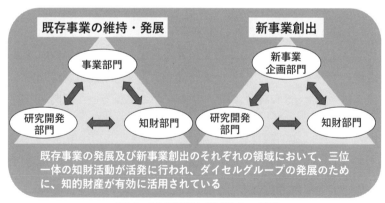

【図4－2】長期的に達成したい状態

（3）知財活動チームを母体とした三位一体の知財活動

まず、ダイセルにおける知財活動チームの構成メンバーを以下に示す。

・パテントコーディネーター（以下、「PC」と略す）

　事業部門または新事業企画部門の知財戦略の責任者であり、それぞれの部門に所属している。担当事業領域または新事業創出領域において事業全般を見渡せる部長クラスを選任している。具体的には、知財戦略の策定、特許権等のマネジメント、知財係争への対応、知財活動の推進などについて、事業部門の責任者として対応する。

・IP責任者

　研究開発テーマに対する知財マネジメントの責任者であり、研究開発部門に所属している。研究テーマに対して全般を見渡せるテーマリーダークラス（課長から部長クラス）を選任している。具体的には、技術的成果の知的財産としてのマネジメント、製品・技術ごとの知財マネジメント、若手技術者への知財上の指導と教育などについて研究開発部門の責任者として対応する。

・知財担当

　三位一体の知財活動を行う上で、知財部門から任命された担当者で担当領域の知財活動の責任者である。知財マネジメントに関して幅広い経験を積んでいる人を選任している。具体的には、三位一体の知財活動が円滑に行われるような働きかけ、知財戦略上のコンサルティング、知財専門家としての専門サービス、さらに、将来事業で活用される知的財産の蓄積を行う上で、研究テーマの選定過程でも提言を行う等について、知財部門の責任者として対応する。

知財活動チームのリーダーは知財戦略の責任者であるPCが務め、

年度の知財活動計画（Plan）を PC、IP 責任者と知財担当で議論して作成する。そして、知財活動チームはその活動計画に従って活動を開始し、定期的にチームミーティングを行い、進捗状況を確認しながら課題達成に向けて対応を行い（Do）、年度の終わりに活動を振り返る（Check & Act）と共に、次年度の知財活動計画（Plan）に反映させる。このようにいわゆる PDCA サイクルを回すことをチーム活動の基本とする。そして、年度の終わりに各 PC が知財活動チームの運営や知財戦略上のノウハウについて情報交換できるように知財部門主催で PC が集るミーティングを開催する。

　そして、ダイセルでは全社の知財活動を複数の知財活動チームにより行っている。事業関連分野、新事業創出関連分野に加えて、グループ企業にもチームを配置しており、全社のチーム数は 30 から 40 チームの間で推移している。

　ここで、知財活動チームの特徴について説明したい。元々知財活動チームは、三位一体の知財活動のボトルネックとなっていた部門間の壁を取り除くために編成したが、結果として知財活動チームは**図 4 - 3** に示すようにマーケティング等の専門家である PC、研究分野の専

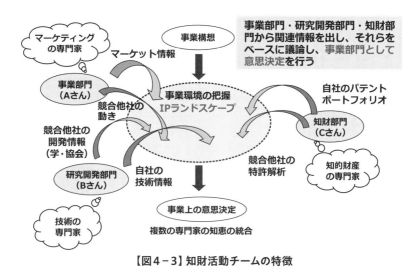

【図4-3】知財活動チームの特徴

門家であるIP責任者と知的財産分野の専門家である知財担当の三つの異なる専門領域の専門家から構成されており、言い換えれば、知財活動チームはクロスファンクショナルチームであると言える。そのため、知財上の課題に対して、それぞれの専門家としての視点から、それぞれ持ち寄った関連情報に基づき意見を発信し、お互いに議論を行うことで創造的な解決策に結び付けることができる。一方で、クロスファンクショナルチームであるが故に、お互いコミュニケーションを行う際には、それぞれの領域の専門語が相手に分かるように解説を加えながら行う等の配慮も必要になってくる。

　以上紹介したダイセルの知財活動チームを母体とする知財活動の成果については詳細にまとめられた資料がある[27]が、三位一体の知財活動の一つのモデルとして評価されている[注4]。特に、知財情報解析を活用して知財経営に資する戦略提言を行うIPランドスケープ[注5]が話題となっているが、IPランドスケープの手法を実効あるものにするためにも、その活動基盤として三位一体の知財活動を整えることが必要となっており、本モデルの適用が有効に働くものと期待される。

　本章の冒頭において、研究開発活動から生み出された優れた知的財産を、如何に事業の競争力強化や利益に結び付けていくのかという基本的な「問い」を投げかけ、これに対する「解」をどのように出していくのかという点で、研究開発リーダーや知財部門の共通の悩み事に

[注4] ダイセルの知財活動チームを母体とした知財活動については、平成30年度の「知財功労賞（特許庁長官賞）」および日本知財学会の「第15回産業功労賞」の受賞の対象となった。

[注5] 3−3.に記載の"サイテーション分析"を参照。知財情報と市場情報を統合した自社・競合・市場分析に基づき、企業の経営戦略や製品の事業戦略を策定する手法。2017年4月に特許庁が公表した「知財人材スキル標準（version 2.0）」にて定義されている。

なっているという指摘を行った。そして、この「問い」に対してお互いに腹を割って話す機会がないのではという問題提起も行った。実は、この共通の悩みを解決するために、知的財産のユーザーである事業部門または新事業企画部門の人を巻き込んで、三者で議論することがその解決の糸口を与えてくれるのではと強く感じている。そして、その実現のため、本章では、ダイセルの知財活動チームを母体とする三位一体の知財活動のモデルを紹介した。本稿が今後研究開発部門で生み出された知的財産の活用を図る上で、何らかのヒントとなることを願っている。

第**5**章 創出された事業の拡大と継続

5−1. 継続的な技術改良によるコストパフォーマンスの向上と市場開発部門との連携による新規グレードの開発−事業の拡大

　本製造設備が首尾よく稼働し、販売量が予想外に伸びたとしても**図3−8**に示される Break-EvenTime に到達するには、品質保証の問題と並行して刻々と変わる顧客の要望にマッチした機能を発揮する製品を如何に利益が伴う形で製造するか、生産技術に携わる技術者はもとより研究開発に携わった研究者も巻き込み更なるコストパフォーマンスの向上が必須となってくる。同時に事業部に所属する市場開発部門とタイアップしてグローバルな視点から事業環境の変化を見極め顧客の要望に合った新規グレードを開発して用途拡大を図り更なる製造設備の稼働率を上げ収益向上に向けての不断の企業活動が重要となってくる。それには如何に顧客への技術サービスを充実させるかがポイントになり、また、事業規模が大きくなるにつれグローバルな視点から、製造・販売・物流・開発・技術サービスなどの最適拠点が検討されることになる。

5−2. 事業の継続計画（BCP）

　研究開発から工業化（事業化）に成功した製造プラントが順調に稼

働し利益を生み出すまでに事業が成長したとしても、昨今多発している地震や津波などの自然災害や製造上のトラブルによる爆発や火災、あるいはテロ攻撃（特に海外拠点に建設された製造プラント）によって不運にも製造プラントが甚大な被害を受けるなどの緊急事態が発生した場合、工業化技術確立の一翼を担った研究開発者として原因究明など迅速な復旧のために何をすべきか日頃から整理しておくことが望まれる。通常、企業はこれらの緊急事態に備えて事業資産の損害を最小限に留めつつ中核となる事業の継続や早期復旧を可能にするために、平常時に行うべき活動や緊急時における事業継続のための方策や手段などを取り決めておく BCP（Business Continuity Planning：事業継続計画）を策定している。言い換えれば BCP によって中核となる事業を継続・早期復旧することによって企業価値の維持と向上を図ることになる。特に計画の中でも緊急事態によるサプライチェーン[注1]の分断に対処するための最も経済的な復旧計画は最重要課題であろう。なお、BCP を策定し維持・改善する事業継続マネジメントシステムが満たすべき条件を定めた国際規格として 2012 年に ISO 22301 が発行され、その日本語訳である JIS Q 22301 が 2013 年に制定された。

[注1] サプライチェーン（SC：Supply Chain）

　供給連鎖と訳され、原材料・部品等の調達から、生産、流通を経て顧客や消費者に至る一連のビジネスプロセスのこと

第 6 章　研究開発から事業化に至る確率

6-1. 自社研究開発から事業化に至った事例

　やや古いデータではあるが、日本化学工業協会が調査（1999 年）を行った貴重な自社研究開発事業化事例を紹介する（**表 6 - 1** 参照）。事業化に至った 27 件（期間が明示されている件）の内、工業化までに 5 年以上要した件数は 20 件（74％）、10 年以上要した件数は 12 件（44％）である。これらの数字は研究開発開始から事業化に至るには少なくとも 5 年以上の期間を要し、その間、新規事業創出のための経営トップの強力なリーダーシップと CTO の技術経営力の持続性が如何に重要であるかを物語っている。研究開発テーマの分類については既に 2 - 9. 節で説明したが、**表 6 - 1** の方向性の欄で、シーズ、ニーズ、プロセスとして記載されている。研究は、既存の生産技術を改善・革新して、大幅なコストダウン、環境負荷低減や製品の高付加価値化を狙うプロセス研究、革新的技術開発に主眼を置いて市場の潜在的なニーズを掘り起こすシーズ研究、顕在化する市場ニーズ基づいて推進されるニーズ研究の三つ種類に分けられることを意味している。事業化に至った上記 29 件の内訳は、プロセス研究　17％、シーズ研究 24％、ニーズ研究　59％となり、ニーズ研究が事業化に成功する確率が最も高く、研究開発テーマの選択と集中にとって重要な示唆を与えている。

【表6−1】自社研究開発事業化事例の概要

No.	内　容	期間	規模	社　内　要　因
1	バイオ法アクリルアミド（微生物探索から）	15年	A	バイオ／エンジニア研究者の初期からの共同研究
2	高純度溶融球状シリカ	4年	A	コア技術強化、新規設備開発
3	耐水性ポリビニルアルコール	6年	B	着眼点の良さ、新用途の発見
4	分散凝集型トナー	11年	B	グループリーダーの新発想
5	光学異性体分離用液体クロマトカラム	11年	B	新発想（光学活性高分子から）
6	リニアタイプPPS	4年	C	会議によるクイックデシジョン
7	有機物固定型TiO₂コート薬剤／コートフィルム	4年	C	常識打破のマネジメント
8	生体適合性ポリマー	5年以上	C	研究担当者の執念 新開発担当部門の設置
9	無機イオン交換体	8年	C	研究担当者の興味
10	TFT‐LCD用液晶材料	11年	C	広いノウハウ
11	IC包装用（キャリヤテープ）導電シート		C	市場調査予測
12	ポリオレフィン重合触媒	10年	C	戦略的資源投入（開始はトップダウン）、発想の転換
13	除草剤（ハロスルフロンメチル）	3年	C	研究蓄積
14	環境対応紙フェノール銅張積層板	3年	C	関連部門との目標の共有
15	クラウンエーテル及び合成二分子膜を用いるイオン電極	8年	C	発想の新しさ
16	ポリオレフィン触媒・プロセス開発	19年	C	技術動向を見据えた決断 技術者の発想と工業化チーム力
17	マレイミド類の事業化	7年	C	生産コストの大幅削減 R&D、製造、販売キーマンの強力連携
18	エピクロルヒドリンの新製法開発	4年	D	明確なニーズのR&D／生産共有
19	酸素バリア性包装材料	15年	D	需要用途展開の見えない段階での事業化決断
20	異方導電性フィルム	10年	D	高分子核体に金属メッキ着想 導電性材料のシーズ
21	超高屈折率レンズモノマー	7年	D	関連部門、経営幹部の早期承認と支援
22	甘味料アスパルテーム	13年	D	研究規模縮小 初期からR&D／エンジニア協力体制
23	トラン系液晶	10年	D	着想（研究者の勘と思い入れ） 蓄積技術（設計、合成、薄膜、評価）
24	耐候性塗料用樹脂（ルミフロン）	7年	E	従来イメージに拘らない新規性の発想
25	航空機用炭素繊維強化複合材料	10年	E	研究所長特命タスクで発想 チームリーダーの着想、他研究室の力
26	液晶ディスプレイ用ワイドビューフィルム		E	目標確定と物理・有機合成・生産技術三位一体の共同研究
27	PTMG	3年	E	トップからの指示
28	簡便清掃用具クイックルワイパー	7年	E	事業本部との綿密な商品設計・評価、経営トップによるブラッシュアップ
29	プラスチック眼鏡レンズ用	12年	E	パイロット失敗で要求特性理解 社内各分野の専門家結集

資料：日本化学工業協会（1999年）

社　外　要　因	分　野	対　象	方向性
大学活用	素材	プロセス	シーズ
発売タイミング	素材	プロセス	プロセス
顧客と一体の用途開発	機能材料	プロセス	ニーズ
顧客からの共同研究申し入れと共同評価・開発	機能材料	材料	ニーズ
社外からのシーズ提供・支援	機能材料	材料	ニーズ
製造・販売提携企業の実力	素材	材料	シーズ
製造アウトソーシングによる効率化	機能材料	材料	シーズ
国家プロジェクト参加 海外 VB との提携	機能材料	材料	シーズ
社外共同委託研究 顧客ニーズ把握と発売タイミング	機能材料	材料	シーズ
大画面 TFT - LCD 需要	機能材料	材料	ニーズ
発売タイミング、PVC 問題追い風	機能材料	材料	ニーズ
	素材	プロセス（触媒）	プロセス
現地（米）での評価、市場確認	最終製品	農薬	ニーズ
環境問題、発売タイミング	機能材料	材料	ニーズ
分析装置メーカーと提携	機能材料	材料	シーズ
マーケットを見据えた決断	素材	プロセス（触媒）	プロセス
耐熱性向上樹脂需要の拡大	機能材料	プロセス	プロセス
工場研究同一立地	素材	プロセス	プロセス
環境、省エネ、食生活変化が市場拡大	素材	材料	シーズ
液晶ディスプレイ需要増 販売タイミング	機能材料	材料	ニーズ
顧客の強い開発協力	機能材料	材料	ニーズ
欧米企業との JV	最終製品	食品	ニーズ
ノートパソコン用需要拡大	機能材料	材料	ニーズ
早期からの顧客 発売タイミング＝ニーズ増加と一致	機能材料	材料	ニーズ
ボーイング社の材料認定	機能材料	材料	ニーズ
	機能材料	材料	ニーズ
		プロセス	ニーズ
住生活のニーズ変化・発売タイミング	最終製品	ハウスホールド	ニーズ
顧客との共同作業	機能材料	材料	ニーズ

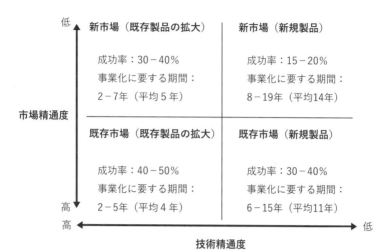

出所：マッキンゼー 2013 "Chemical Innovation"
（図中の和訳は筆者による）

【図6−1】化学産業における研究開発から事業化までに要する期間

　また、化学産業において研究開発から事業化までに要する期間について分析・予測された報告[28]があるので**図6−1**に示した。

　図6−1に示された区分と既述の事業ドメイン（**図2−18**および**表2−5**参照）との関係は、次世代の事業ドメイン（研究開発テーマの分類ではコーポレートテーマ）は新市場（新規製品）に、新規な事業ドメイン（研究開発テーマの分類ではコーポレートテーマ）は既存市場（新規製品）に、既存の事業ドメイン（研究開発テーマでの分類は事業部テーマ）は既存市場（既存製品の拡大）に、既存事業の枝葉にあたる新たな事業ドメイン（研究開発テーマの分類は事業部テーマ）は新市場（既存製品の拡大）に相当する。いずれにしても技術精通度が低い研究開発テーマでは事業化に要する期間が平均して10年を超えることが示されている。

6−2. 研究開発テーマの棚卸事例

　今後の研究開発の生産性を向上させるために過去実施された研究開

発テーマの棚卸は非常に有効であるが高度な企業秘密に属するために公表された事例はほとんどない。参考のために、非常に稀ではあるが唯一日本の大手化学企業から講演会[29]で報告された概要を以下に記載する。

　過去20年間の「研究開発の棚卸」を行い、新規事業を目的として総額1億円以上の研究開発費がかかった主要テーマ50件について分析したが、その主な概要について以下に紹介する。

1. 主要テーマ50件につき事業化に至ったものは16件あった。
2. 「研究開発　R&D」の「研究R」の主な不成功要因は技術力不足で、ハイテク分野の新規事業を狙ったテーマにおいて、技術的ブレークスルーができなくて断念した例が多い。
3. 「開発D」は、ある程度確立した基盤技術をベースに展開を図るが、不成功の比較的大きな要因は採算性の問題であった。
4. 市場面の切り口からみた不成功要因として、参入障壁、新たな代替技術や競合品、あるいは新規製品の場合は市場が未発達であることなどが挙げられる。また、市場面の不成功要因に関連していえることは、単にコスト競争力をもつプロセスや、優れた物性をもつプロダクトの開発を行うだけでは充分でなく、ユーザーにおける問題解決に役立つ機能を持つ製品を開発し提供する技術、このような方向の技術を「ソリューション技術」と呼んでもよいが、このような面の技術開発が充分でなかった。
5. 研究開発の不成功要因の背後にある最大の原因は、最初の「テーマ設定」にあり、20年間を振り返り、1980年代の我が国は「軽薄短小」の言葉が流行したハイテク研究開発のバブルの時代で、当社も未知の分野へ落下傘降下するような研究開発テーマを手掛けたが、跳びすぎたようなテーマのほとんどが不成功に終わった。
6. 新規事業に対する経営戦略のもとにきちんとしたテーマ設定す

ることが重要で、その際には、自社の技術力、事業環境、市場面に対する充分な考慮が必要である。今後のテーマ設定にあたっては、従来型のアプローチは不十分で、ユーザーの使用価値の面で評価される製品、更にはユーザーの問題解決に役立つ「ソリューション技術」を開発し、メーカー側から積極的にオファーするような姿勢が必要であり、当社ではこのようなアプローチを「提案型技術開発」と呼んでいる。

7. そのため、電機やエレクトロニクス、自動車といったユーザー企業の技術に関する高度な知識を持った技術者の育成に努めており、また必要に応じて実際に当社材料を加工する試作設備を作り、ユーザーニーズを先取りした製品の開発に努めている。このようなアプローチで「ソリューション技術」を開発し、ユーザー業界に問題解決法を提供する企業となり、さらに新たな需要を創出するような事業展開を行うことに繋げていきたい。

8. 過去 20 年間に新規事業の開発研究に数百億円の費用を使ったが、投資効率は非常に低いと言わざるを得ず、研究開発の効率化は企業経営の大きな課題である。当社では成果主義の導入と共に評価体制を刷新し、研究開発の活性化を図ることで研究開発の効率の向上を試みている。

　特に、6. で指摘されている「新規事業に対する経営戦略のもとにきちんとしたテーマを設定することが重要で・・」は、この書籍発刊の目的でもある。

第7章 イノベーション創出のためのステージゲート法の実践

7-1. ステージゲート法とは

多くの企業や大学がイノベーションの創出を目指して研究開発を推進している。大きなイノベーションは、社会に与える価値が大きく、従ってそれを提供する企業の得る利益も大きくなる。

一方でイノベーションの程度が大きいほど、実現に先んじて将来の姿を正確に予測するのは困難である。筆者が所属する大阪ガスケミカルの主力事業の一つであるスマートフォン向けレンズ用光学樹脂を例に挙げると、開発をスタートさせた1990年代初め頃には、液晶プロジェクタ用レンズやCDのピックアップレンズなどを主に想定していた。その10年後に携帯電話にカメラが搭載され、20数年後にスマートフォンで写真や動画をSNSで共有する文化に育つほどの巨大イノベーションの重要な一端を担う素材になるとは想像もしていなかった。当時の調査ではそのような用途やマーケットは影も形もなかった。

ステージゲート法とは、未来の姿を正確に予測するのが難しい、大きなイノベーションを創出するのに有効な手法である。[30]

その本質は、将来の不確実な事象に柔軟に対応できるよう複数の選択肢を早い段階（ステージ）から意図的に準備しつつ、状況が変化する節目（ゲート）でより可能性の高い選択肢を選びとる、柔軟性の高い仕組みにある。しばしば誤解されているような、最終のゴールまでの一本道を、各段階に分割して綿密な計画を作り、ルート通りに開発

を進める（または中止する）ような硬直化したパイプライン的手法ではない。下記にその特徴をまとめる。

①不確実性に対処するため、代替候補の探索・創出を仕組みに織り込む。節目においてより可能性の高い選択肢を選びとって次のステージへ進む

②若いステージほどより数多くの選択肢を準備するが、一つ当たりの選択肢に投入する資源は小さくする（総資源の制約）

③ステージ後半ほど選択肢の数が絞り込まれ、確度が高くなり、一つ当たりの選択肢に投入する資源を増加させる

特に②の「選択肢を用意し続ける」ことは極めて重要である。そのための仕掛けを組み込まなければ、ゲートでほとんどの候補が中止され最終的にテーマが枯渇するか、あるいは多くの場合それを避けるため、ゲートの基準を緩めることで前へ進め、結果的に創出されるイノベーションの規模が小さくなる。

7−2. ステージゲート法の基本形

図7−1のように、ステージゲート法はパイプを繋いだような形態ではなく、漏斗状の構造となる。これが、初期段階ほど数多くの選択肢を準備し、だんだんと数を絞り込むと共に、一つの候補への投資を増やしていく姿を表している。

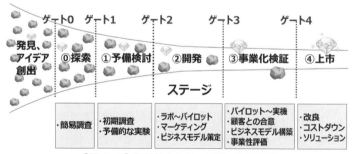

【図7−1】典型的なステージゲートの構成

典型的なものは、前記の五つのステージを備えているが、テーマや
実施する組織の特性によって様々なバリエーションがある。

7-3. ステージゲート法の考え方：
　　　未開の高山へのアタックに例えて

　最終的な出口が不透明な状況での研究開発の推進は、未開の高山へ
の挑戦と共通点が多いため、事例として紹介する。
　山の高度が顧客にとっての価値の大きさを示す。もちろんこの顧客
価値は期待収益と強い相関がある。

①**山の選定**：標高の高い山ほど山頂が雲に隠れて見通しが悪いが、
　登頂に成功したときのイノベーションは大きい。頂上が容易に見
　通せる山は、誰にとっても目指しやすいため、山頂に到達できて
　も過当競争に陥りやすい。ただし標高が低い山でも自身の精通し
　た山系にあり、短期で登り切れるのであれば、目指す価値はある。
②**初期のルート探索**：本格的な登行を始める前に、できるだけ多く
　のルート候補を調べる。実際にいくつかのルートを少し登ってみ
　ることは候補として有望かどうかを判断する上で有効である。
　ここで良く見られる過ちは、初期の足掛かりが良かったために他

【図7-2】イノベーションへの挑戦は未開の高山へのアタックと類似する

のルートの調査を行わずにこのルートに全てを託して緻密な計画を練り上げ、最初から多くの人員・資源を投入して登り始めることである。この場合、一定の高さまで登った後に、そのルートの到達点があまり高くないことや、道中が危険な状態にあることに気付いたとしても、それまでの投入資源の大きさや、管理サイドからのプレッシャーが原因で、引き返して他のルートを選択し直すのが困難になることも多い。後の投入資源や時間の浪費を避けるため、この段階では他の候補となり得るルートの存在を把握することに努める。

③**登行前半**：調査した中で可能性の高いルートから登り始める。代替ルートの調査に期間を割いた分だけ初期の登行スピードは遅くなるが、最初のルートで進んでいくのが難しい状況に陥ったとき、速やかに代替ルートを選び直すことができる。このようなルートの再選定は高度が上がるほど難しくなるため、中腹に至るまでにこのような選択を重ねることで、山頂に辿り着けるルートを選び取ることが望ましい。

④**登行後半（山頂へのアタック）**：この段階から先は大きな資源投入（設備投資や販売施策など）が求められることが多い。登り切るべき山頂であるかを慎重に判断し、最終のアタックを仕掛ける。こうやって到達した山頂は麓からの見通しが良くないため、競合が登ってくるまでの時間的なアドバンテージを得ることができる。

7–4. ステージゲート法の実践

企業においてステージゲート法を実際に運用する際に特に留意すべき事項についてまとめる。

①**初期ステージでのテーマ探索の拡充**：テーマが持つ本質的な価値ポテンシャルが低いと、いくら開発資源を投入し続けても大きな

イノベーションには繋がらない。優れた資質のテーマを発見することはそれだけ重要と言える。一方で、あるテーマ候補の資質を初期段階で見極めるのは容易ではなく、またそのようなテーマに巡り合う確率はそれほど高くない。そのためポテンシャルの高いテーマを発掘するには、数多くのテーマ候補を探索し、簡易的であっても調査や実験で試してみて選別する他にない。プロスポーツの現場においても、どれだけ良い育成プログラムを持っていたとしても、選手の才能が乏しければトップアスリートには育たない。それ故若くて優れた才能を幅広く探索して抜擢するスカウティング活動が重視されている。研究開発でもこのことを十分考慮するべきである。大阪ガスケミカルではこれを実現するために、テーマ候補の発掘件数を研究開発のプロセス管理指標の一つとして目標化している。

②**自社が取り組むべき領域であるかを問う**：企業は理念や戦略に基づいて事業活動を行っている。①でテーマ探索を行う際は、このことにも注意を払い、これらに合致しないテーマは避けるべきである。ただし、事業分野の境界領域においてこそ革新が生まれることがあるため、初期段階では探索範囲は少し広めに考えると良い。

③**顧客価値に焦点を当て続ける**：初期ステージ段階で出口が見通せないからと言って、その技術が生み出すであろう顧客価値を考えなくても良い訳ではない。最初は仮説に基づいた定性的・簡素なものであっても、その価値とは何なのかを定義し、開発期間を通じて追及し続ける。ステージを進めることとは、その価値を定量化・具体化していくプロセスとも言える。当初の仮説とは異なり大きな価値が期待できないことが明確になれば一つの成果である。そうなればテーマを中断し、より大きな価値創造が期待できる選択肢を選べば良い。

④**テーマの計画策定とフォロー**：初期ステージで過度に情報を求め

ても、調査の負荷が増える一方で有用な情報を得るのは難しい。逆に資源の制約から広範なテーマ探索活動を妨げることとなる。そこで初期ステージでは必要な情報は最小限とし、ステージが上がるにつれて情報量を増やし、また精度を高めていく運用が良い。一例として、大阪ガスケミカルでは**図7-3**のような単一のワークシートを開発期間を通じて用いている。初期段階では過剰な管理を避けつつ、大きな投資判断が要求される後半では必要な情報が揃うような運用としている。

このワークシートの「評価の視点」にも記載の通り、テーマ評価の基準は「顧客価値」およびその対価として得られる収益を、開発期間を通じて最重要視している。また**図7-3**のコメントに記載した通り、評価項目で求めている情報は、事業分析のフレームワーク（**図7-4**）と深く関係がある。

⑤**ゲートの運営**：早期ステージでは管理サイドは実行サイドに過度に干渉するべきではない。大きなイノベーションほど将来の正確な姿が見えにくいものであるが、出口が見えないとの理由だけで

【図7-3】テーマ評価シートの例

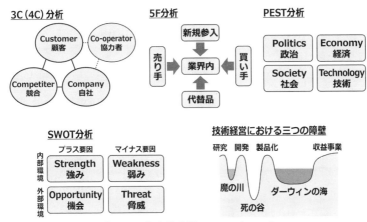

【図7－4】事業分析のフレームワーク

テーマ打ち切りの判断をしかねない。また現場サイドが探索活動を通じてより高い資質の新たな（あるいは代替の）選択肢を見出していれば、管理サイドの指示がなくても自発的にその選択肢へと舵を切る。一方で大きな投資が伴う最終段階になれば、出口が見通せる状況になっており、資源配分の全体最適の観点から管理サイドを交えて適正な判断を行うことになる。

⑥**中断テーマの再活用**：過去に中断したテーマの要素技術が、時代の要請や新たなニーズの発生、他の要素技術の進歩によって日の目を見ることがある。大阪ガスケミカルではこのような観点からテーマを廃止するのではなく棚上げ、すなわちスクラップ＆ビルドではなく、サスペンド＆ビルドと呼んで、再活用に備えた獲得技術のストック（資産化）を推奨している。

7-5. ステージゲート法と
　　　フレームワークとの関係

　事業戦略の構築には**図7－4**に示したような様々なフレームワークが使われる。ステージゲート法でもこれらのフレームワークをうまく

活用することで、技術を収益化していく際に考慮すべき事項の抜け漏れを防ぐことができる。ここでは特に関連性の深いフレームワークの事例を紹介する。

①PEST分析

登山の事例において、近年特に留意すべきなのが異常気象による天候の急変である。事業戦略面においても近年環境変化のスピードが速くなり、PEST分析の重要性が従来にも増して高まっていると感じる。初期調査においてもこのことを認識した上でテーマを設定することが望ましい。

地政学面：米中貿易摩擦、ウクライナ侵攻、台湾有事の可能性

経済面：為替の急変、インフレの進行

社会面：新型コロナウイルス感染症、気候変動の加速

技術面：メタバースの本格化、5Gの浸透

②技術経営における三つの障壁

技術経営では、魔の川、死の谷、ダーウィンの海の三つの障壁について、開発から収益化までの各ステップごとに、それぞれの障壁をどのように乗り越えるかが論じられることが多い。一方ステージゲート法では、開発初期からできるだけ高い顧客価値を目指すことを求めている。すなわち魔の川・死の谷を越えて、ダーウィンの海の浜辺に辿り着いてから泳ぎ方を考えるのではなく、魔の川に差し掛かる前から、そのずっと先にある海が悠々と泳いで渡れる見込みがあるのかを考えながらルートを選択していく。遥か遠方の海の状態を見通すのは容易ではないが、全ステージを通じてそのことを評価の第一基準に置き続けることで、ブルーオーシャンの浜辺に辿り着く可能性が高くなる。

7-6. 結言

本章で説明したステージゲート法の活用について、その考え方自体は多かれ少なかれ多くの企業で実践されていると推察する。筆者が所

属する大阪ガスケミカルでもステージゲート法の社内ルールを整備する以前から、その基本的な概念を研究開発のマネジメントに活用してきた。大阪ガスケミカルを含むDaigasグループはかねてより社員のMOT教育に積極的に取り組んでおり、修了生が各所属で実務にて実践してきた企業風土がステージゲート法の運用実現に寄与している。

　一方でステージゲート法と名付けていても、重要な概念、例えば継続的なテーマ候補探索の実装や、顧客価値の追求、ステージに応じた収集情報のコントロールの考え方の浸透が不十分だと、管理の手間だけが増加したり、逆に将来のイノベーションの芽を摘んでしまう懸念がある。

　重要なのは、この方法を形式的に運用するのではなく、その本質を組織全体が理解し活用することである。そうすることで、イノベーションはより効果的に創出できるようになると確信する。

【参考文献】
ロバート・G・クーパー『ステージゲート法　製造業のためのイノベーション・マネジメント』浪江一公　訳、英知出版（2012年）

第8章 化学企業における DXの取り組み

8-1. DXの位置づけ

　1990年代後半から2010年頃に生まれた「Z世代[注1]」は、「デジタルネイティブ」とも呼ばれ、物心ついたときからデジタル機器と、5Gの高速通信網やSaaS（サース：Software as a Service）・PaaS（パース：Platform as a Service）・Iaas（イアース／アイアース：Infrastructure as a Service）を支えるクラウド等のインフラ環境に囲まれて育ったため、スマートフォンやウェアラブルデバイスなどが生活の一部となっている。年賀状はSNSになり、テレビはオンデマンドの動画配信を外出先で視聴するようになり、化学系の実験室からは分子模型が姿を潜めモニターの中で立体的に描かれるようになった。そして今や多くの企業がDX（Digital transformation）に取り組み、2021年には内閣にデジタル庁が発足するなど、本格的なデジタル化社会に向けた動きが活発化している。

　企業におけるデジタル化は、1990年代からの30年余りで急速に発

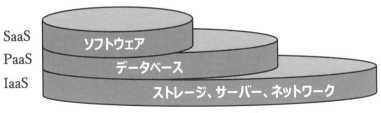

SaaS
PaaS
IaaS

ソフトウェア
データベース
ストレージ、サーバー、ネットワーク

【図8-1】主なクラウドサービス

達し、手書きの書類の電子データ化をはじめ、電子メールの標準化、稟議決裁や社内承認などの各種申請手続きの電子化などがこれまで進められ、それにより膨大な情報量の記録および検索性が著しく向上した。DX はこのデジタル情報を手段として用い、蓄積された情報を活用することで便益に繋げるツールであるが、まだ DX 推進過渡期のため、業務にビルトインして使いこなしている企業もあれば、キャッチアップを目指して奔走している企業もあり、進捗レベルに乖離があるのが実態である。

　この状況は、2000 年代初頭、MOT が日本国内で拡がりつつあった頃の企業の仕組み構築に類似している。事業状況を物珍しいフレームワークに当てはめることが精一杯で、SWOT 分析の表や 3C、5F の図、STP（Segmentation（市場の切り分け）、Targeting（対象の明確化）、Positioning（顧客から見た差別化））のプロットなどを仕上げることそのものがゴールになってしまいがちであり、先進的に MOT を取り入れる企業もあれば、従前の勘と経験と度胸から脱却できずに邁進する企業もあった。その後、時を経て MOT が浸透し、学校でも MOT を学習する機会が増えるようになると、これらのフレームワークをチェックシートとして捉え、抜け漏れなくダブリなく整理することができる先人の知恵として活用できるようになってきたことで、今ではビジネスの業界自体で当たり前のように MOT の考え方が共通言語として交わされるに至った。すなわち、MOT が各企業の中で体質化されるようになってきたといえる。換言すれば、企業において後天的なスキルアップが実現できている。DX についても同様に、今はまだアプリケーションを使うことに一生懸命になり、手段が目的化してしまうケースも少なくないが、今後 Z 世代の人材が企業の中核を担う頃には、企業の中で DX リテラシーが向上し、DX が当たり前に使われるツールとなっていくと思われる。

8-2. DXによってできること

　現在、化学企業の DX としては、IoT（Internet of Things）、MI（Materials Informatics）、AI（Artificial Intelligence）、RPA（Robotics Process Automation）などがよく使われるが、これらに共通する要素として DX の強みと弱みは以下のように整理される。総じて、「ムリ・ムダ・ムラを抑える」ことに大きく寄与するツールであるが、バーチャルであることに基づく時間・空間の概念の変革がもたらされることが特徴である。

<DXの強み>
(1) 超大量のデータを時空を超えて収集・解析できる
・大容量記憶装置の発展により、大量のデータをまとめて記録できる。
・記録したデータは、物理的な劣化がない限りどれだけ時間が経過

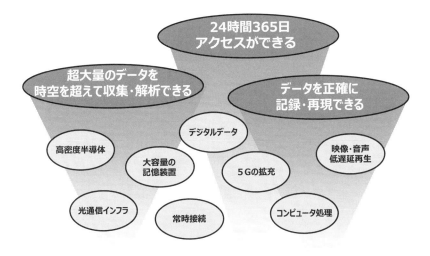

【図8-2】DXの強みとそれを支える技術

しても引き出せる。

・記録したデータの引き出しには高い検索性が備わっている。

・演算処理装置の発展により、大量のデータについて、複雑な因子が関係していても多変量解析が可能。

・5Gなどの超高速通信、大容量・超多数同時接続の技術進歩により、世界中から情報収集が可能。

・常時接続により常にアップデートされた状態に更新することが可能。

(2)データを正確に記録・再現できる

・アナログからデジタルに置き換える際にそぎ落とされる情報はあるものの、客観的な情報として記録される。

・都合の良いデータを優先的に収集して解析の対象にすることなく、各データに対しては平等・公正である。

・先入観によりバイアスの影響を受けて本来目の前にあるはずの解答を見過ごしてしまう確率が下がる。

・経験や慣例から無意識のうちに情報を取捨選択してしまうことがない。

・記録情報は時間が経過しても追加や欠落なく、変化せずに維持される。

・再生の低遅延性技術も進化し、画像、音声など、高精度に再現し、共有することが可能。

(3)24時間、365日アクセスができる

・属人的なデータベースと違い、就業時間を考慮せず誰もがいつでも利用できる。

・同様に、健康状態や睡眠状態などのバイオリズムによる影響（ムラの発生）を排除できる。

　つまり、時と場所を選ばず、膨大な量のデータから客観的な解析結果を得ることができ、化学企業においては、主に製造の効率化および

技術伝承と研究開発の進化に活用されることが多い。特に従来の研究開発の現場においては、新製品を創出するためには、どのような化合物を作ればどのような特性を発現できるか、といった構造と物性を繋ぐための経験の蓄積と膨大な量の実験が不可欠であり、多くの実験結果から演繹的に製品を創出していたが、DXにより二つの進化を遂げる。すなわち、シミュレーションと機械学習である。

1) シミュレーション

これまでの演繹的なアプローチにおいて、化合物の構造と物性の間の相関がある程度分かっており、解析に際して既に科学法則が分かっているもの、すなわち、理論式が存在するものについては、理論式に必要なパラメータを最適化し、データを取得してシミュレーションにて結果を予測することが可能である。実際に実験をすることなく、計算上で多くの実験結果を予測し、良い物性が得られる化合物を絞り込むことにより効率化・加速化することができる。

一方で、経験則のように理論で体系化されていないものや、データベース化されていないもの、科学で解明されていないものや従来の法則から外れるもの、などが対象の場合は、シミュレーションの適用が難しく、後述する帰納的なアプローチによる予測式の構築から行わなければならない。

2) 機械学習

既知の理論式に従って実験の代替手段として演繹的にデータを当てはめていくシミュレーションとは異なり、理論式がなく、構造と物性のような「条件」と「結果」だけが多数存在しているときは、これらのデータを解析して相関を探り、予測式を構築する機械学習により帰納的に結果を予測することが必要となる。理論式ができてしまえば前述のシミュレーションで求める化合物構造や発現する物性を予測することができることになる。

しかしながら、DXの強みであるデータの公平性について、収集されたデータ対象に対しては公平であるが、そもそもデータ取得の段階

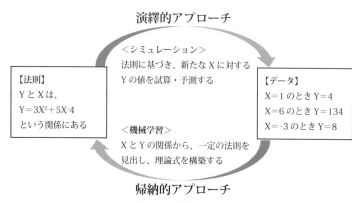

演繹的アプローチ

<シミュレーション>
法則に基づき、新たな X に対する
Y の値を試算・予測する

【法則】
Y と X は、
$Y=3X^2+5X-4$
という関係にある

【データ】
X＝1 のとき Y＝4
X＝6 のとき Y＝134
X＝-3 のとき Y＝8

<機械学習>
X と Y の関係から、一定の法則を
見出し、理論式を構築する

帰納的アプローチ

【図8－3】帰納と演繹

で有意義と思われるデータは正常データばかりであり異常データに乏しいことから、データの偏りがあることが多い。さらに、副次的な相関も含め、条件と結果が辻褄の合うように理論式を構築するため、実際の予測式はプロセスとしてブラックボックス化され、なぜそうなるかを科学的に理解することが難しい。結果として、機械学習の結果を人間が理論として応用して二次展開することは困難であったり、納得性が低く、結果に対してステークホルダーや現場の共感が得られにくいといった課題もある。

　DX によってできることを考える上で、知識の蓄積におけるデジタル化の変化についても触れておきたい。従来は現実社会で実際に接点を持つ人同士がメールなどのデジタルツールを使って補足的に繋がる情報化が推進されてきたが、DX においては、デジタルをプラットフォームとして常時繋がっている上で現実社会でも接点を有するように主軸がシフトする。すなわち、各ローカルのオンサイト情報を持ち寄って共有化するのではなく、クラウドのようにいつでも誰でもが使える状態にあるのが定常であり、個人所有という概念がなくなっていくと思われる。これは、従前はナレッジマネジメントとしてデータベースの構築と共有・検索性の向上に努めてきた動きが、今や当たり前の

こととして業界内にビルトインされていくことを意味している。個人が得た知は常に最新の状態に保たれ、そのままの状態で誰もがアクセスできるようになり、個々の経験は組織全体の経験として蓄積され、会社ひいては社会としての共有財産とすることが容易になっている。換言すれば、ナレッジマネジメントを意識することなく常時共有されていくのが今後のDX社会における新たな知の蓄積のスタイルであると言える。

8-3. 化学企業でのDX取り組み事例

前述のように、DXは「効率化」と「加速」の二つの側面で有用であることから、化学企業では、製造をはじめとするサプライチェーンの各種業務の効率化と研究開発等のエンジニアリングチェーンの加速に活用される例が多い。

1) 事務業務への活用

管理会計、原価管理、在庫管理、販売管理など、販売・製造にまつわるデータを管理する基幹システムを導入している企業は多いが、多様な機能を社員全員が十分使いこなすことは難しい中、DXリテラシー教育やインターフェースの工夫による簡素化を進めている例があ

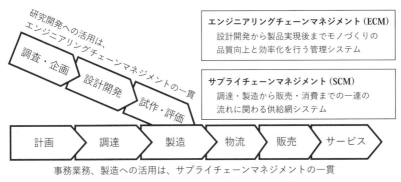

【図8-4】ECMやSCMにおけるDXの活用

る。

　筆者が所属する大阪ガスケミカルでも、基幹システムの幅広い機能の有効活用による効率的な業務環境構築を目指し、担当者間の情報交換やサブシステムの共有などを進めてきた。基幹システムに基づくデータ集約と資料への落とし込みの自動化などを進め、更なる効率化および業務品質の向上を図っている。具体的には、毎月の売上・利益・在庫などの経営指標を、リアルタイムでいつでも確認できるようにしたことで管理者が自由に閲覧できる状況を実現したことに加え、RPA の活用により、データのグラフ化や地図上での地域別業績分析などを自動化していくことで、報告資料の作成時間を短縮することができるようになっている。

2) 製造への活用

　化学メーカーのように、物質を扱うことが不可欠な企業においては全てのデジタル化はできないが、IoT により状況を知覚し（センシング）、挙動を可視化して監視し（モニタリング）、それらを分析・解析（アナライズ）して作業の指令を出す（コントロール）ことの多くにコンピュータ制御を導入してきた。加えて、各種分析機器の電子化や、生産現場における DCS（分散形制御システム：Distributed Control System）、調達購買やデリバリーにおける SCM（Supply Chain Management）など、製造および関連する機能の支援ツールとしての展開が進められている。

　また、大阪ガスケミカルでは、生産現場における製造条件の改良・改善にも DX が活用されている。ピッチ系炭素繊維を樹脂で成形し焼成した成形断熱材は、高温の焼成炉用断熱材や新幹線の吸音材など、幅広く利用されているが、焼成時に歩留まりを向上させるべく、対象物の炉内での焼成状態をシミュレーションし、これまで経験則で決めてきた昇温速度や保持時間等の条件を最適化することに成功した。解析ソフトや高性能ワークステーションの導入、プログラミングの教育

等は必要であったが、焼成炉内の温度分布も踏まえて複数の成形体を同時に焼成した場合の状態把握とシミュレーションまでもができるようになったことで今後の更なる生産効率化が期待できる。

3）研究開発への活用

技術開発においては、新規化合物の設計、各種評価試験の効率化、合成条件の最適化などに際して、既存のビッグデータ解析、機械学習による予測、ディープラーニング等の活用が考えられる。大阪ガスケミカルにおける具体的な事例を以下に紹介する。

(1)機能性化合物の探索

ある機能を有する添加剤を探索するケースで、これまでは、研究者の経験則から化合物を選択・実験し化合物を探索してきたが、自社の保有する独自のデータベース上のデータを使用して機械学習を行い、構築した予測式を用いて約30万種類の化合物を計算し、化合物を選定・実験することで、性能が良好な化合物を30％の確率で得られることに成功した。機械学習を導入する以前は、約8％の確率であったことを鑑みると効率化が実現できるだけでなく、最初のスクリーニング時点で漏れてしまっていた化合物についても候補として評価対象にすることができたことは開発の幅を拡げ加速に繋がる成果であると言える。

(2)新規光学ポリマー原料の探索

芳香族を多く含むポリマーは、光学物性に優れる特長を有することが多い。例えば、屈折率や耐熱性が向上することで、デジタルデバイスのカメラレンズ等に用いられる。しかしながら、屈折率が上がるとカメラが高精細になる一方で、波長ごとの焦点のずれや透過率の低下などのネガティブな物性も強く発現してしまう。これらは一般的にトレードオフの関係にあるが、ポリマーを構成する要素（モノマー）の構造や組み合わせを変えることで、相関関係の異なる挙動を取ることがある。そこで、これらの物性のデータベースを活用し、既知のモノ

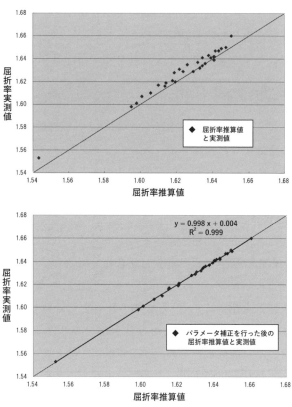

【図8−5】種々の光学樹脂における屈折率試算値と実測値の例
（上：パラメータ補正前、下：パラメータ補正後）

マーをどのように組み合わせれば良いかを探し出すことに加え、未知の構造体の組み合わせについても MI による予測を行うことでコンセプト設計を行うことができる。候補となる化合物について分子軌道計算によって屈折率や UV 吸収特性を予測してモノマー候補を絞り込み、対象物について効率的に重合試験を行い物性評価で検証することにより、大幅な開発加速が可能となった。さらに、化合物の組み合わせを決めた後は、ベイズ最適化（機械学習によりできるだけ少ない実験数で最適解を推定するための統計的手法）により組成範囲を絞り込み、実験計画法と合わせて有効な組成領域を優先的に実験することで

データを取得するまでの時間短縮を実現することができた。

　一例として、様々な化合物に対して屈折率を試算した事例を示す。推算値に対して実際に合成して測定した実測値の結果にパラメータ補正を行うことで非常に強い相関が得られている。

　上記のように、DX 活用による開発活動の効率化、開発スピードの加速が実現できているが、一方で、革新的新規化合物であればあるほど対象となる化合物のデータベースが乏しく、既存からの組み合わせに基づく予測や機械学習だけでは目的を果たせないこともある。上記の強みを活用すれば便利なツールではあるが、決して実験をせずに最終の正解を与えてくれるアルゴリズムではないことを理解し、実験とDX の併用を前提として一連の開発スキームにビルトインされていくことが好ましい。

8-4. DX活用におけるマネジメントの注意点

　前述の通り、DX の強みを知り、正しく活用することで、デジタルによる業務変革を推進できるが、事前に詳細な計画を定め、順に開発を進めるウォーターフォール型よりも、実際に開発を進めながら随時柔軟に条件を詰めていくアジャイル型の推進においてより有効であることから、まずはアジャイル型の業務推進に向かうマインドセットが必要である。DX は、データを入れたら自動的に答えが出る夢の箱ではなく、人間がやってきたことに対して、その能力を大きく超えることができるツールであり、使いこなすという点では人材活用と同じである。機械学習でも学ばせる「教育」が必要であり、データの入力や予測式を構築するための「教育」をしている。情報が過剰になり氾濫している現代では、データの取捨選択の判断を含め、DX の活用をどのように業務の中に取り入れて融合させていくかを考えていく必要がある。最近の人材には、考えるより調べるスキルが得意な傾向が見ら

れるが、調べたことや解析結果を集約して結論を出すのはDXではなく人間であるため、判断力を以て「DXに従って動く」のではなく、「DXを使いこなす」ようにならなければならない。過度な期待や丸投げ、プロセスの思考放棄などをせずに向き合うことが重要であると考える。

　レガシーシステムが根強く使われている企業では、せっかくのIT技術者の大半が既存システムの維持保全に投入され、新たなDXの取り組みが進まないといった課題もある。化学企業においては、化合物を扱うが故に、特にプログラマーと実験者の連携が重要である。実験者の側は「機械学習をさせるにはどういうデータを取れば良いか」を考えることで、固定観念に囚われることなく、実験の着眼点がロジカルであることが求められ、プログラマーは、理論と実際がどうずれるかを実験者の実験結果を通じて機械学習させていくことでアルゴリズムの可視化が要求される。

　DXは、膨大なデータの処理とそこから想定される予測は可能となったが、非連続な成長に資するセレンディピティには、人間の直感や人脈、ハプニング、ひらめきといった理論を超越した要素とタイミングも重要であり、DXだけではなし得ない領域である。プログラムと実験、コンピュータと人間、理論と偶然といった両輪をしっかりと回すことで、DXと現実を結び付け、新たなイノベーションの創出に繋げていくことが肝要である。

[注1] 米国の世代区分において、1960年代〜1970年代頃に生まれた世代をX世代と名付けたところに端を発し、1980年代〜1990年代前半頃に生まれた世代をY世代（ミレニアル世代）、1990年代後半〜2010年代頃に生まれた世代をZ世代と呼ぶ。社会情勢や技術の変化に伴い生活様式や価値観、スキルが変化する様を表すことが多いが、DXにおけるZ世代の特徴としては、インターネットやデジタルデバイスが生まれたときから当たり前に普及していたことが挙げられる。

9–1. はじめに

　本章では、兵庫県立大学大学院工学研究科での「MOT 教育」の一例や学生の起業意識の高まりを受けた「起業人材育成プログラム」の紹介および「化学産業における実践的MOT　事業化成功事例に学ぶ　初版」の活用等に関して記述する。

9–2. MOT講義の計画（シラバス）

　MOT は「技術経営」と訳され科学的、工学的な知見を企業等の経営に役立てることであるが、本学では経営戦略論もプラスして「技術戦略論」として MOT の講義を行っている。

　技術戦略論では有形・無形の経営資源（人、モノ、金、情報）を上手に配分して、儲けを最大化するために MOT の手法（フレームワーク）等を用いて、ビジネスモデルの構築方法などを修得することを目指している。

(1)対象学生

　大学院工学研究科（電気物性工学専攻、電子情報工学専攻、機械工学専攻、材料・放射光工学専攻、応用化学専攻、化学工学専攻）博士前期課程の学生約 80 名

(2)開講年次・学期

【図9−1】技術戦略論が関連するSDGsの目標

1、2年次・前期

(3)関連するSDGs目標

特に**図9−1**に示す目標8／目標9／目標12を目指すための教育を行っている。

(4)教育上のポリシー

1)対応するディプロマ・ポリシー（卒業認定・学位授与の方針）

① 各専攻の学術の基礎となる専門領域の学識を十分に理解している。また、研究者・技術者として活躍するための基礎となる高度な専門技術力を身に付けている。

② 学際的領域に踏み込んだ研究課題を体験している。また、社会から求められる実践的な研究・技術開発に適応できる能力を身に付けている。

③ 高い倫理観を持っている。

2)対応するカリキュラム・ポリシー（教育課程編成・実施の方針）およびアドミッション・ポリシー（入学者受入れの方針）

大学院工学研究科のカリキュラム・ポリシーおよびアドミッション・ポリシーに沿った教育・研究を展開している。

(5)講義目的・到達目標

本講義は、工学系の大学院生に対して、企業の競争戦略、技術戦略、マーケティング、組織マネジメントの基本を理解し、技術開発と企業収益の関連について理解を深めることを目的とする。

また、家電、化学、医療機器、総合エンジニアリング会社の元経営幹部による事例研修で、企業経営の実態について理解を深め、その内

容を説明できるようになることを目的とする。

(6) 講義内容・授業計画

最初に、企業活動のプロセス、ビジネスモデル、製品アーキテクチャー、技術戦略、マネジメントについて学ぶ。次に、元企業経営幹部による事例研修を行う。最後にグループディスカッションを行い、考える力を養う。

講義は以下に示すように全部で15回（90分／1回）実施している。

1）企業の仕組みと競争力
2）製造業に於ける価値
3）製品アーキテクチャーとプロダクトライフサイクル
4）競争優位構築のための技術戦略
5）イノベーションの理論と本質
6）マーケティングと技術マーケティング
7）研究開発の組織マネジメント
8）事例研修：家電機器会社の戦略
9）事例研修：自動車会社の戦略
10）事例研修：医療機器会社の戦略
11）事例研修：総合エンジニアリング会社の戦略
12）事例研修：化学会社の戦略
13）日本の勝ち残り戦略
14，15）グループディスカッション

この中のグループディスカッションではPBL（Problem Based Learning）（課題解決型学習）とし1チーム10名程度の人数で8チームを構成しチームごとに自ら日本の企業の課題を抽出し、企業間／国際間競争に如何に打ち勝つかに関するテーマを決め、解決策を考案・発表し、企業OB等からコメント・アドバイスをもらっている。

9-3. 課題解決のために用いる
フレームワークに関する教育の例

SWOT分析、バリューチェーン分析、PEST分析などを**図9－2**のように分かりやすく三眼に例えて教育している。

　鳥の眼：自分たちはどこにいるのか、その環境はどうなっているのか、コンペティターはだれで、どのような能力を持っているのか、今何が起きているのか等を高い視点から俯瞰する眼をもってSWOT分析を行っている。

　虫の眼：しっかりと地に足をつけ、現場で、現物を見て、現実を知る眼（自分たちの保有する機能、能力を見極める眼）を持ってバリューチェーン分析を行っている。

　魚の眼：事業の外部環境の変化、カーボンニュートラル、エネルギー・資源の高騰など世の中の流れを読む眼を持って未来を予測してPEST分析を行っている。

　三眼の中でも魚の眼（流れを読む眼）は特に重要であり、マクロ環境分析の一つであるPEST分析を行っている。その例を**図9－3**に示す。

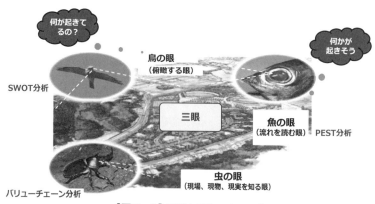

【図9－2】三眼とフレームワーク

P：政治 Politics　E：経済 Economics　S：社会 Social　T：技術 Technology
【図9−3】PEST分析の一例（世の中の流れ：2035年の世界の12の課題）

【表9−1】9セルメソッドによるビジネスモデルの構築

	Who	What	How
顧客価値	どんな用事を持った「人」か？	解決策として「何」を提供するのか？	代替策との違いを「どのように」表現するのか？
利益	「誰」から儲けるのか？	「何」で儲けるのか？	「どのような」時間軸で儲けるのか？
プロセス	「誰」を引き込むのか？	強みは「何」か？	「どのような」手順でやるのか？

　学生にビジネスモデルを考えてもらうことにも力を入れている。フレームワークとして兵庫県立大学国際商経学部国際商経学科・川上昌直教授発案の9セルメソッドを用いている。

　ウイズコロナ時代の新しいビジネスモデルを提案する課題に対して80名の学生が9セルメソッドを用いて提案したテーマを業種別の件数（ヒストグラム）として表示したものを**図9−4**に示す。またその一例(オンライン趣味講座プラットフォームビジネス)の9セルメソッドに記載したものを**表9−2**に示す。

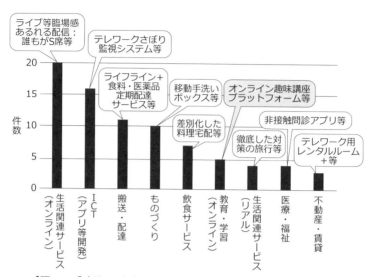

【図9-4】新しいビジネスモデルの提案内容の業種別ヒストグラム

【表9-2】オンライン趣味講座プラットフォームビジネス

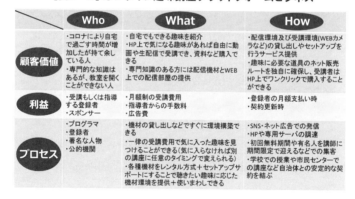

9-4. 起業人材育成プログラム

　昨今、学生の起業意識が高まりつつある。特にコロナ禍の中で一人でいる時間が増えIT技術等の専門知識を身に着けた本学学生が中小企業のウェブサイト制作やEC（Electronic Commerce：電子商取引）

システム構築支援業務で起業した例などが新聞等でも取り上げられている。

このような背景を受け、本学も、起業人材育成プログラム（兵庫県補助事業）を開始した。

起業プラザひょうご（神戸、姫路）と連携し、テクノロジー、グローバルに軸足を置いて、メンタリングと講義を組み合わせた学生向けの伴走型支援を実施している。

①メンタリング編

- 個別ヒアリング（参加者ごとに起業マインド、ゴールイメージの確認、学生がやりたいことを形にしていく。）（ブルーオーシャン、レッドオーシャンどちらでも可としている。）
- プレ発表会（先輩起業家の前で発表・・・先輩起業家が技術面や起業の経験から学生に考えてほしい点を指摘している。）
- アドバイザーマッチング（志向が近い先輩とマッチングして、個別にじっくりと話をしてもらっている。）
- ビジネスプラン発表およびビジネスプラン発表を終えての意見交換の実施

②講義編

- ビジネスモデル設計、デザイン志向
- テクノロジー解説（AI：Artificial Intelligence, IoT：Internet of Things, BD：Big Data）と事業例
- 資金調達（金融機関より講師を招聘）
- 事業計画作成／ビジネスモデル設計～中小企業診断士（兵庫県立大学 MBA 卒業生）
- 法務／知財／インターネット活用等～中小企業診断士（兵庫県立大学 MBA 卒業生）

このように、MOT をベースにビジネスモデルの構築、起業人材育成プログラムなど時宜に適した教育を展開している。

9-5. 『化学産業における実践的MOT 事業化成功事例に学ぶ』初版の活用

　MOTの実践に関する書籍を探していた際に上記の書籍に出会った。特に興味を引いた点は事業化成功事例ごとに成功の主要因(KSF)を分析している点である。

　研究テーマの策定から新規事業、新商品の開発、事業継承までには、いくつものステージゲート（魔の川、死の谷、ダーウィンの海など）があり、そのステージごとにコスト・性能の優位性・差別化要素の確認、市場の動向、研究・開発体制等の評価を行い、計画通りに進めるか、計画を変更して進むのか、中断するのかの判断が求められるが、上記成功事例でのKSFは化学産業だけでなく全産業にも参考となるものである。

　大学でのMOT教育にもKSFの分析を取り入れる価値があり、事例研修の（6-11）「総合エンジニアリング会社の戦略」や（6-12）「化学会社の戦略」の中での紹介を検討している。

　また、「起業人材育成プログラム」でも起業後に直面するダーウィンの海を乗り切るための重要な要因（例えば、新規顧客の組織的開拓方法等）が示されておりKSF分析は有益である。

　大学では、多くの企業と共同研究等を実施しているが、産学連携におけるKSF分析で産学の明確な役割分担を行うことなど正鵠を射る指摘がなされている。

　本書『化学産業における実践的MOT　事業化成功事例に学ぶ』第2版を含めてこれらの書籍がMOTの社会実装を加速させ産業の活性化に貢献することを期待している。

****

関連文献

1．兵庫県立大学大学院工学研究科シラバス2023「技術戦略論（Management of Technology）」（担当教員：長野寛之他）

2．延岡健太郎『マネジメント・テキストMOT（技術経営）入門』、日本経済新聞出版社（2006年）

3．川上昌直『儲ける仕組みをつくるフレームワークの教科書』、かんき出版（2013年）

****

研究開発から事業化に至った事例から成功要因（KSF）を学ぶ

第2部

一般社団法人近畿化学協会化学技術アドバイザー会「MOT研究会」は、2014年から主に化学産業分野において、研究開発から事業化に至った成功事例を担当・統括・指揮された方から、直接話をうかがい、MOT視点から事例研究を行ってきた。

　事例研究では、①研究テーマ決定までの経緯、②魔の川・死の谷を乗り切った要因、③ダーウィンの海を乗り切った要因、④事業継続（BCP）・発展の鍵の四つ（第1部第2、3、5章を参照のこと）の観点から、事業化に至ったKey Success Factor（KSF）についての分析を事例紹介者自身にお願いし、それらを共通情報として参加者同士で自らの視点から意見を交換し、議論を進めた。MOT研究会では、KSFを“研究開発から事業化に至った中で、マネジメント上の重要な要因”と定義している。

　このような議論から得られたマネジメントにおける知見やノウハウ、あるいはそれらの新たな組み合わせは、今後MOTに係る人々にも大いに役に立つものと確信している。さらに、「技術の市場化による新事業の創生」「研究開発から事業化に至る成功確率の向上」等のMOTの重要課題に対し、実践的な解決策を与えてくれる力になり、かつ本書第1部で述べたMOTの理解を助ける材料にもなると思われる。

　MOT研究会が発足以来、検討した事例は80件以上に及ぶ。2018年度に刊行された初版では、2018年度までの事例の中から、20件の事例を取り上げた（初版収載の20件の事例については、化学工業日報社のwebサイト本書の案内ページ **https://chemicaldailybook.myshopify.com/products/769-2** で閲覧できる）。本書では、初版発行以降に研究会で検討・議論した事例の中から、新たに15件の事例を取り上げた。

　事例のカテゴリーを、プロセス開発、事業・商品開発－事業拡大、事業・商品開発－新ドメインと便宜上分類し、順に掲載した。事例紹介者の略歴は書籍の最後に掲載した。

なお、初版および本書を合わせた 35 件の事例全体を通じた KSF の傾向解析（総括）を MOT 研究会で実施しており、それらのエッセンスを、15 件の事例の後に掲載したので、参考にしていただければ幸いである。

　我々は、今後も継続して良質な事例研究を通じて、多くの KSF を蓄積していく予定である。

［初版掲載事例リスト］

事例1　ε‐カプロラクタム製造技術の開発−住友化学株式会社
事例紹介者：市橋　宏

事例2　インパネ用ウレタンビーズ（TUB）の開発
　　　　−三洋化成工業株式会社
事例紹介者：前田 浩平

事例3　光学分割用キラルカラムの開発−株式会社ダイセル
事例紹介者：渡加 裕三

事例4　ガスバリア性樹脂エバール®の開発−株式会社クラレ
事例紹介者：吉村 典昭

事例5　耐熱性ポリアミド樹脂ジェネスタ®の開発−株式会社クラレ
事例紹介者：吉村 典昭

事例6　省燃費タイヤ用シランカップリング剤の開発
　　　　−株式会社大阪ソーダ
事例紹介者：山田 聿男

事例7　チョウ目殺虫剤フルベンジアミドの発明−日本農薬株式会社
事例紹介者：濱口　洋

事例8　ポリエステル系重合トナー（PEB）の開発
　　　　−三洋化成工業株式会社
事例紹介者：前田 浩平

事例9　機能性ポバールの開発−日本合成化学工業株式会社
事例紹介者：丸橋 基一

事例10　光学用フィルム用ラクトン環含有アクリルポリマーの開発
　　　　−株式会社日本触媒
事例紹介者：上田 賢一、文章作成者：近藤 忠夫

事例 11　高吸水性樹脂（SAP）の開発−三洋化成工業株式会社
事例紹介者：増田 房義

事例 12　樹脂用永久帯電防止剤の開発−三洋化成工業株式会社
事例紹介者：前田 浩平

事例 13　高吸水性樹脂（SAP）の開発−株式会社日本触媒
事例紹介者：近藤 忠夫

事例 14　無機質マイクロカプセルの創製と実用化（国有特許の実用化例）
　　　　　−大阪工業技術研究所（現 産業技術総合研究所関西センター）
事例紹介者：中原 佳子

事例 15　テレケリックポリマーの開発−株式会社カネカ
事例紹介者：中川 佳樹

事例 16　気相法による医農薬中間体の製造技術開発
　　　　　−広栄化学工業株式会社
事例紹介者：清水 信吉

事例 17　アタック Neo® の開発−花王株式会社
事例紹介者：小寺 孝範

事例 18　半導体レジスト材料セルグラフィー ® の開発
　　　　　−株式会社ダイセル
事例紹介者：西村 政通、大野　充

事例 19　光学活性プロパノール誘導体の工業的製法の開発
　　　　　−株式会社大阪ソーダ
事例紹介者：古川 喜朗

事例 20　スキンケア素材（ナールスゲン ®）と化粧品の開発
　　　　　−株式会社ナールスコーポレーション
事例紹介者：松本 和男

**塩化水素酸化による
塩素製造技術の開発**

－住友化学株式会社

事例紹介者：関　航平

1. 研究テーマ決定までの経緯

(1) 社内要因

　塩素は反応性が高く、各種化学製品に用いられており、2018年の世界の塩素製造能力は9,000万トン／年に達する[1]。塩素（Cl_2）の用途は塩ビモノマー（VCM）、イソシアネート（TDI、MDI等）、プロピレンオキサイド（PO）、水処理剤、塩素中間体、エピクロルヒドリン（ECH）などの有機材料製造、チタニア、シリコンなどの無機材料製造、パルプ製造、各種ハロカーボンの製造など多岐にわたる。今でこそ塩化水素（HCl）の酸化による Cl_2 の製造に関して、その適用範囲を広げるべくライセンス活動を進めているが、開発開始当時1990年代のターゲットは自社のVCM事業のコスト削減であった。

　1990年代の半ば、当社千葉工場のVCMプラントコスト削減策の一つとして、副生するHClを触媒酸化により Cl_2 へ変換し、VCMの原料としてリサイクルするアイデアを当時の研究グループのマネージャーが発案し、これをきっかけに研究部門のメンバー数名で触媒探索を開始した。最初のブレイクスルーは入社数年目の触媒研究者の信念に基づいた粘り強い実験から生まれた。従来のHCl酸化反応では銅やクロムを用いた触媒が主流だったが、研究グループのマネージャーの「人の後追いはするな」との指示の下、食塩の電解反応に利用されている塩素発生電極触媒の酸化ルテニウム（RuO_2）に目をつけた。しかし直属の上司からは「貴金属類の触媒機能は金属0価に

よるもので、貴金属酸化物がこの触媒になるはずがない」と却下され、検討候補から外された。それでも諦めずに地道に反応前後の触媒解析を続け、金属 Ru を触媒として用いた後の回収触媒の解析データから RuO_2 が活性点として高いポテンシャルを秘めているという事実を浮き彫りにした。これにより、当初否定していた研究者も同じ方向を向くようになる。彼のたゆまぬ探究心はこのテーマが続けられた一つのポイントとなっている。ところが、そのすぐ後にコスト削減を目指していた当該プラント自体は、VCM 事業撤退の方針により操業を停止することになり、部門としても研究テーマを中止することとなった。しかし、研究グループのマネージャーは他部門の事業へ本テーマを展開させるという推進力を発揮する。ジョイントベンチャーで芳香族ジイソシアネートの増産が計画されており、ここで大量の副生 HCl が発生するという情報を聞きつけ、この HCl のリサイクル技術を適用するように画策する。Cl_2 は製品の芳香族ジイソシアネートの原料であり、製造過程で副生する HCl を Cl_2 に変換し原料としてリサイクルすることは事業的な魅力がとても大きいわけである。もちろん、事業的な魅力に加え、技術的な観点からも、従来とは次元の異なるこの触媒の可能性についても部門の異なる役員も含めて説いて回った。これにより、芳香族ジイソシアネート増産を目的とする研究テーマの存続が図られた。しかし、頼みの綱であった芳香族ジイソシアネート増産も事業環境などの観点から中止となり、再びテーマ存続の意義が問われる事態となった。万事休すかと思われたそのとき、役員が「面白そうな触媒という気がする、産業界として意義あるものになると思うから研究を続けさせろ。技術を完成させたときに、自社で使えなければライセンスすればいい。」と言い放った一言でテーマ継続が決まった。その役員こそ研究グループのマネージャーが技術の面白さを説いて回った他部門の役員である。技術が世の中で役に立つために必要なことは、技術そのものの筋の良さだけではなく、それに携わる人の熱意がかみ合ってこそと今更ながら考える。

(2)社外要因

　社内での研究テーマの位置づけが紆余屈曲している最中に、社外でも、とても重要な検討が同時進行していた。ある企業のジイソシアネート増産計画で副生するHClをどうするか検討していた際に、当社の特許が目にとまり連絡をしてきたのだ。当時の研究担当者はこの技術についてのプレゼンテーションをしたときの話を次のように振り返っている。当日のプレゼンテーションは、グループのマネージャーが全体概要を話した後、研究担当者が技術開発の具体的な状況を説明するスタイルで行われた。研究グループのマネージャーはまるでこの技術が既に完成しているかのような口ぶりで熱弁をふるっていた。確かに、触媒は優れた性能を示していたものの、工業化すべき課題は山積みだった当時の状況下での風呂敷の広げ方に気が引き締まった。プレゼンの帰り際に研究グループのマネージャーは研究者にこう言った「いつお前が本当のことをしゃべるか気が気でなかった。」と。しかし、グループのマネージャーは研究担当者のプレゼン資料に事前に目を通してはいない。この時だけでなく、その他の会議などの機会でも資料の確認などは要求しない。会議やプレゼンテーションに、どういう目的を持って臨むべきか自ら考えよということである。つまり、単なる事実や結果を説明するだけでなく、技術を企業研究者の目線でしっかりと見定め、技術の可能性と産業への実装までしっかりと語れということである。この話は信用を重んじ堅実を旨とする当社の社風と一見異なるように見えるが、そうではない。当時の研究グループのマネージャーは技術的議論とは別に研究者たちから個別に本音を聞き出すことで、このHClの酸化によるCl_2製造技術の課題を解決でき、必ず良い技術になるという確信を得ていたのだ。だからこそ後に続くこの企業での実ガスを用いたテストへと繋げる方法を選んだのではないか。このときのようにグループのリーダーがぶれない方向を示すとその「軍団」は高い力を発揮する。技術は単にその技術の完成度がその信頼性を示す唯一のものだが、その信頼性を作るのは人なのだと改めて

感じた瞬間だった。

　人という意味ならば、当社の特許を目にとめて連絡をしてきた企業の方々の考え方もこのテーマの存続に一役買ってくれたのも事実である。当時の社内の研究者たちは「工業的に実績のない技術を採用する。」という概念がない中で、相手企業の方々は「良い技術であれば、自分たちが最初のライセンシーとなることは特別なことではない。良い技術はどんどん採用する。」と言っていたのだ。このような社内、社外の人たちとのこれしかない組み合わせを通じてテーマ継続が決まっていった。ちなみに、当社から出願された特許に着目し、当社とのコンタクトを指示したのは、最初のライセンシーとなるこの企業の工場トップの工場長であった。この工場長の工場管理部門への指示とリーダーシップのもと、当社との技術交流と交渉が進められたのである。技術を統括するリーダーはいかにあるべきかと、工場長の慧眼にも畏服するところである。

2. 魔の川、死の谷を乗り切った要因

　研究テーマが安定するまでの話の中で若手研究者による RuO_2 触媒の発見が探索研究から開発研究への原動力になったことは間違いない。開発研究から工業化研究においても様々なターニングポイントが存在した。そのうちのいくつかについて述べる。

　一つ目は触媒担体確定までのセレンディピティの話である。RuO_2 の構成元素である Ru は貴金属であり、高価であるため触媒として用いる場合、担体に担持（コーティング）した形で触媒にする。開発当初検討していた担体はチタニア（TiO_2）であり、TiO_2 粒子表面に RuO_2 の微粒子を担持することで RuO_2 の使用量を抑えて工業的に使用可能なコストに仕上げる必要があった。触媒の業界では一般に比表面積が高いほど活性が高くなると考えられており、当社触媒も比較的高い比表面積であるアナターゼ形の結晶を持つ TiO_2 を担体としていた。当時、共同研究をしていた大学の先生から「RuO_2 の活性発現

メカニズムを分析的に検討したいから不純物の少ない TiO_2 を用いて触媒を作ってくれないか」とオーダーがあった。先生から指定された TiO_2 のグレードを用いて触媒化したものを送付した後、研究者も期待せずに性能を評価してみると活性が数倍に上がっていたのだ。この飛躍的な触媒活性の向上は TiO_2 に約2割含まれていたルチル形結晶によるものだったのだが、実験と検証を繰り返し、エビデンスを揃えるまでは、担体の表面構造にダメージを与える手法で調製した触媒による過去の誤った検証結果に引きずられて、誰もルチル結晶形が触媒活性向上の主要因であるとは信じなかったのだ。あとから考えると RuO_2 の結晶形もルチル形であり、非常に似た格子定数を有していたので RuO_2 の分散性が非常に高くなることが分かったのだが、当時の常識では思いもつかないものだった。Ru の使用量が3分の1程度になったこの発見は、工業触媒としての大きな一歩となった[2]。

　二つ目は反応器の話である。HCl の酸化による Cl_2 製造プロセスは大きく分けて、①酸化反応工程、② HCl 吸収工程、③乾燥工程、④塩素精製工程の四つである。その中でも最も重要なプロセスが酸化反応工程だ。従来のプロセスでは、反応による発熱量が大きいため触媒粒子を流動させながら反応熱により触媒が局所的に高熱化することを回避する「流動床方式」が採用されている。しかし、流動床方式は反応器が大きくなり、また、触媒微粒子の後工程への飛散への対応などハンドリングが面倒でもある。この時も研究グループのマネージャーから、「触媒性能さえ十分であれば、固定床のほうが低コストで、優れたプロセスになる」と一貫した方向性が示され、工業化メンバーは多管式固定床方式の反応器とそれに耐えうる工業触媒を作り込んでいった。一般に固定床反応器で反応熱を除去するためには数千～数万本の反応管を並べて、その1本1本に触媒を充填し、反応管の外側に熱媒体を通すことで反応熱を除去する複雑な構造になる。研究者たちは HCl と純 O_2 との反応によって発生する反応熱を除去するために反応管径、反応条件等を緻密に設計するだけでなく、触媒そのものにも

熱伝導性を付与した除熱性の改良を進めていったが、反応初期の速度の速い反応と反応に伴う生成物の吸着被毒により、固定床反応器に充填した触媒層の入口部での発熱ピーク（ホットスポット）を完全に抑えることができていなかった。ホットスポットができればできるほど触媒層後半の出口側とホットスポット温度との差は大きくなり、反応器出口側の触媒は有効に作用しないという問題が生じる。これらの問題を解決するために出した研究者の結論は触媒層の分割である。具体的には、触媒層を分割して、各層に適切な性能の触媒を充填し、それぞれの触媒層の活性に応じた温度設定に制御し目標の収率を達成した。当初の反応器設計では2基を直列に繋ぐ方法を考えていたが、幹部の一言「反応器を一つにして多段にすればいい。」が大きく影響した。技術的にそんなことができると考えもしなかった発想であった。反応器の思想から設計までは、研究所のケミストと化学工学のエンジニアが一緒に開発を進めるという、「コンカレントエンジニアリング」方式で進められており、この開発方式なくしてこの反応器は生まれなかったのである[2]。

3. ダーウィンの海を乗り切った要因

HCl の触媒酸化による Cl_2 製造プロセスは 1868 年の Henry Deacon による発明以降、様々な研究者や企業人が開発を進めてきたが、現在工業的に稼働しているプロセスは三井化学の MT-Chlor 法と当社の住友化学法である。当社法は現在 6 社 10 プラントへライセンスしており、世界のイソシアネートの原料となる Cl_2 の約2割を供給するまでとなった。競合となる塩酸電解法と比べてもエネルギー原単位は 10 分の1以下であり、触媒酸化法は今後の塩素循環社会を考えても非常に有用な技術となりうる。HCl から Cl_2 を製造するという技術領域で当社法が生き残ってきた背景は以下と考えている。

・塩酸電解に比べて圧倒的に低いエネルギー原単位
・他社触媒酸化法に比べて圧倒的に高い活性を持つ RuO_2 触媒採用

による大幅な触媒原単位削減

・触媒の性能を大きく引き出す非常にコンパクトに設計された世界
　初の固定床反応器

　それらがなしえた省エネ、高品質、低コスト等の性能が、現在の
SDGs や GSC などの環境に配慮した政策とマッチしている。

　また、HCl の触媒酸化で生じる反応物は Cl_2 と H_2O である点も非常
に重要なポイントである。食塩電解では Cl_2 のほかに NaOH と H_2 が
副生し、塩酸電解では Cl_2 のほかに H_2 が副生する。それぞれの副生
物は工業的に有用であるものの、目的物のみを製造することはライセ
ンシーにとってとても有用な選択肢になりうるのである。

　また HCl、O_2、Cl_2、H_2O が共存する雰囲気は、耐食や耐酸化から
選定する材質がとても重要である。コンパクトかつ経済性を成り立た
せるために、必要な材質を必要な場所に適用することも非常に難易度
が高い技術となる。高腐食環境下で実施する本プロセスは触媒と反応
器、材質を中心とするプロセス全体を一つひとつ確認し、信頼性の高
い技術を作り上げたものである。高次元にバランスされた本技術はマ
ネのしにくい尖った技術として開発から 20 年程度経った今でも必要
とされている。

4. 事業継続（BCP）・発展の鍵

　HCl 酸化はライセンスが進んでいくにつれてその技術も進歩させて
来た。その鍵となるのが触媒開発であった。とはいえ本反応は炭化水
素の酸化反応のような複雑なものでなく、生成物は塩素のみであり選
択率は 100％である。これ以上選択率を向上させることはできない。
この点は有機化学と無機化学の違いによる。反応は発熱であるため、
熱力学的な平衡の制約から大幅な転化率向上には異次元の低温化が必
要になる。また、いったんライセンスに基づいてプロセス設計したラ
イセンシーが、反応器サイズなどを大きく変えることは容易ではない。
このような制約がある中で、触媒の長寿命化が一つのターゲットにな

ると考えた。しかし、触媒寿命が長くなった分、価格も比例させて高くするだけではライセンシーにはうま味がなく、広がりは期待できない。事実、開発当初より「ライセンスプラントの触媒寿命を長くして何の意味があるのか？」という声もあった。当時の触媒研究者らは触媒活性の発現と劣化機構を詳細に解明し、触媒の高活性化とそれを維持するために必要な要素を従来の触媒に付与することにより、従来触媒が示した活性領域により少ない活性種（Ru量が約6割）量で到達させることに成功し、さらに触媒寿命も1.5倍以上延命させる手法を見出した[3]。

　本触媒で大きなコストを占めるのは活性種であるRuにかかる費用であるので、これを従来の触媒の約6割にまで減らすことができることで顧客が負担するRu費用分は著しく低減される。特にRu価格が高騰すればその恩恵は計り知れない。

　そこでこの新しい触媒の価値を既存および新規ライセンシーにご理解いただくべく、営業サイドでは詳細なデータや競合技術との競争力比較資料等を準備し、営業責任者自ら海外にも赴き、まさしく世界中を飛び回り、新しい触媒の採用先候補と粘り強く交渉した。その甲斐あって、新しい触媒を幾つかのライセンシーに採用していただくことができた。第一号案件は、とある都市のホテルでの終日かけての詳細な交渉、また、翌日は、多くの花が咲きほこる美しい公園で3時間以上歩いたり、ベンチに座ったりしながらの譲歩案の模索等を経て、最終決着に至るという、まさしくドラマチックなものとなった。この一号案件は、今でも社内では語り草となっている。

　研究から販売まで熱い思いを滾らせた人間が繋がったからこそ成しえたビジネスであったと言えるだろう。

参考文献

1. Ana Lopez, Clorosur Technical Conference, Monterrey, Mexico, 15 November, (2018).
2. 岩永清司ら, 住友化学2004-I, 4-12, (2004).
3. Kohei Seki, Catal. Surv. from Asia, 14, 168-175, (2010).

事例22 サステナブル界面活性剤 バイオIOS®の開発

－花王株式会社

事例紹介者：宮﨑 敦史

1. 研究テーマ決定までの経緯

(1) 社外要因

界面活性剤は、洗剤やシャンプーなどの家庭用洗浄製品に配合されているだけでなく、化粧品・医薬品・食品・農業・塗料・電子材料などの様々な分野に用いられている。

界面活性剤の原料は、主に石油化学原料と植物油脂原料に大別されるが、1970年代の河川の水質汚濁問題の解決策として、植物油脂原料由来の界面活性剤の開発が加速し、近年のカーボンニュートラルへの注目の高まりから、その需要はさらに高まっている。この需要の高まりに対して、これまで植物油脂を増産することで対応してきており、界面活性剤の主要原料の一つであるパーム核油の世界生産量は2020年には約800万トンとなり、これは40年前の1980年から10倍以上となっている。パーム核油とは、主に赤道直下の東南アジア諸国で生産されるアブラヤシの種の部分に含まれる油脂であるが、アブラヤシ耕作地の拡張にあたっては、熱帯雨林を切り拓いた土地を利用するために、パーム核油増産に関して昨今多くの課題が浮き彫りとなってきている。例えば、原生林の減少、森林火災や泥炭火災などの環境問題、それに伴い野生動物がすみかを失うことによる生物多様性の喪失の問題、児童労働や強制労働などの人権問題などが挙げられている。このような状況下で、今後予想される世界人口の増加と生活水準の向上により、洗浄製品の需要が増加したとしても、単純な植物油脂の生産量

増加で需要増加分を補うことは難しいと予測されている。我々は、天然かつ持続可能な原料を使ったサステナブル界面活性剤を開発することで、将来にわたって清潔な暮らしを届け続けることを目指して研究をスタートさせた。

(2) 社内要因

上記の課題に対して、社内では、様々なアプローチから研究が進められている。例えば、生物化学的な視点により、藻類など油脂含有生物が生産する未活用の油脂を界面活性剤原料として使用する取り組みが挙げられる。また製品開発の視点からは、より少量の界面活性剤で機能を発現できるような製品処方開発が行われている。一方、化学的な視点からは、社内保有する植物油脂からの誘導体合成技術を活かし、従来合成できなかった油脂誘導体の製造技術を獲得することで、新たな界面活性剤を開発し、これまで界面活性剤原料としては使うことができなかった原料を使いこなす技術開発に取り組んでいる。以下、化学的なアプローチによる新たな界面活性剤の研究開発を通した、界面活性剤原料の土俵を変える取り組みに関して述べる。

一般的な界面活性剤製造に使われる植物油脂は、脂肪酸のアルキル炭素数がC12もしくはC14のラウリン系油脂である。ラウリン系油脂の代表例として、前述のパーム核油に加えて、ココヤシから採取されるヤシ油が挙げられるが、植物油脂全体からみるとこれらのラウリン系油脂の生産量はわずか5％に過ぎず、現在の界面活性剤産業はこのわずかな植物油脂原料に依存していると言える。一方、残る95％が、脂肪酸のアルキル炭素数がC16もしくはC18のオレイン系油脂であり、パーム油、菜種油、大豆油、ひまわり油などに代表される。特に、パーム油の圧搾によって得られる液体部は主に食油として用いられるが、液体部を取り除いた後に残る固体部は、工業用途にも利用されており、食糧とも競合しにくい。これまでに、オレイン系油脂固体部は界面活性剤原料として不向きと見なされてきたが、これを原料として使用することができればサステナブルな界面活性剤開発が可能になる

と考えた。

2. 魔の川、死の谷を乗り切った要因

　技術開発に取り組むにあたり、まずはじめに、"なぜ、ラウリン系油脂（C12,14）が界面活性剤に使われるのに、オレイン系油脂（C16,18）は界面活性剤として使いにくいのか？" という課題に対して徹底的に深掘りした。一般的に、植物油脂の脂肪酸に含まれる炭素原子がそのまま界面活性剤の疎水基として使われるために、ラウリン系油脂からは、C12,14 の疎水基を持つ界面活性剤が合成でき、オレイン系油脂からは C16,18 の疎水基を持つ界面活性剤が合成される。

　界面活性剤は、同一分子内に油となじみやすい疎水基（親油基）と、水となじみやすい親水基を併せ持ち、その性能を十分に発揮するためには疎水基と親水基を程良いバランスで分子中に組み込む必要がある。例えば、炭素数 C8,10 の疎水基を持った界面活性剤は極度に油となじみにくく、特定の用途以外には使用できない。逆に、炭素数 C16,18 の疎水基を持った界面活性剤は極度に水となじみにくく、こちらも特定の用途以外には使用できない。すなわち、C12,14 の疎水基を持った界面活性剤が世界中で使用されているのは、水とのなじみやすさ（水溶性）と油とのなじみやすさを程良くバランスできているためである。従って、オレイン系油脂（C16,18）が界面活性剤として利用しにくいのは、水溶性が極めて乏しいためであり、これを水に溶かすために熱湯を用いるなど高温で洗浄することは非現実的かつ使用時のエネルギー負荷の観点からも不適当であった。

　このような状況の中で研究開発に取り組む研究員の間では、「持続可能な原料を使っているから、多少性能を犠牲にして消費者に我慢して使ってもらうのも仕方ない」といった意見もあったが、真のサステナビリティとは何かといった議論を続けながら開発を続けた。苦しい状況でも諦めなかったのは「持続可能な原料を使いながらも今までと同じ性能を出したい」「もっと良いものを世の中に出したい」という

研究員の想いだったと感じる。そのような中で我々が最終的に出した結論は、「地球環境のために人々に我慢を強いても長続きしない」「地球環境保護と豊かな生活の両立こそが真のサステナブルである」というものであった。

　技術的には、オレイン系油脂を活用するために、界面活性剤の分子設計の考え方を大きく見直すという発想に至った。従来、界面活性剤の分子設計の際には、アルキル鎖の末端に親水基を導入するのが業界の一般常識であった。このことは、界面活性剤がマッチ棒のモデル絵で描かれることからも理解できるであろう。今回、この一般常識を覆し、アルキル鎖の内部に親水基を導入することにした。こうすることにより、例えば、C16 のアルキル鎖を C12 の主鎖と C4 の側鎖とに分けることができるようになった。

　上記の考えのもと生まれたのがサステナブル界面活性剤『バイオ IOS®』である。バイオ IOS は C16,18 のアルキル鎖を持ちながらも水溶性が高く、室温でも水に溶けやすい。これを如実に示した指標が界面活性剤の水和固体の融点を示すクラフト点（Kp）である。C16,18 のアルキル鎖を持った一般的な末端親水基型のアニオン界面活性剤アルキル硫酸ナトリウム（AS）の Kp は、45℃（C16）、56℃（C18）のように室温を大きく上回り、これは室温では固体状態であり、その機能を発現できないことを示す。一方で、バイオ IOS の Kp は、＜ 0℃（C16）、＜ 5℃（C18）と室温以下であり、室温において水に溶解できる。すなわち、オレイン系油脂（C16,18）を使用しながらも、水とのなじみやすさを実現した。加えて、アニオン界面活性剤の水溶性の高さは耐硬水性の観点からも重要となる。一般に、アニオン界面活性剤は水中に含まれる硬度成分（Ca²⁺,Mg²⁺ などの 2 価金属イオン）の存在下で沈殿を生じ、その機能を失うが、バイオ IOS は、洗浄濃度において、硬度成分存在下でも沈殿を生じず洗浄性能を保つことができる。世界には、水の硬度が高い地域や、寒冷地が存在するが、バイオ IOS は、このような過酷な環境においても使用できるポテンシャルを持つと言

える。

　バイオ IOS の界面活性に関しては、臨界ミセル濃度（CMC：界面活性剤がミセルを形成し始める濃度）を用いてその機能を評価することができる。界面活性剤が機能を発現するためには、ミセルの存在が必要であることから、CMC が小さい程に、より低濃度から機能発現でき効率的であると言える。バイオ IOS の CMC は 2.9mM（C16）、0.5mM（C18）であり、これは一般に用いられている C12,14 系のアニオン界面活性剤、アルキル硫酸ナトリウムの CMC（8.2mM：C12, 2.1mM：C14）と同等以下であり、高い界面活性を持つと結論付けた。前述の通り C16,18 といった長鎖のアルキル鎖の特性である油へのなじみやすさが発揮されたためと考えている。

　このように、高い水溶性と高い界面活性を併せ持つという従来の末端親水基型の界面活性剤では成し得ないことを達成する界面活性剤としてバイオ IOS を発見した。そこで、バイオ IOS がこのように高い水溶性と高い界面活性を併せ持った理由を明らかにするための本質解明研究に取り組んだ。バイオ IOS の水中でのコンフォメーションの解析を FT-IR、^{1}H-NMR を用いて行ったところ、スルホ基（-SO$_3^-$）と隣接する水酸基（-OH）の間で分子内水素結合が生じ、大きな環状の親水部を形成していること、2 本の非対称なアルキル鎖は水中で同じ方向を向いていることを発見した。このような水中でのコンフォメーションから、アルキル鎖は疎水基として働きながらも、その凝集性が妨げられ、高い水溶性と高い界面活性を両立し得たと考察した。

　また、家庭で使用される洗浄製品の多くは使用後に環境中に排出されるために、界面活性剤には、優れた生分解性と共に、生態系に悪影響を及ぼさないことが求められる。まず、バイオ IOS の生分解性に関して、下水処理場での除去性や河川水での生分解性を検討したところ、いずれも既存の汎用アニオン界面活性剤と同等レベルの高い除去性、生分解性を持つことが確認できた。続いて、水生生物毒性に関して検討した。一般的なアニオン界面活性剤ではアルキル鎖長が長く

なるほどに水生生物毒性が強くなることが知られており、開発当初 C16,18 の長鎖アルキルを持つバイオ IOS の毒性に懸念が持たれていたが、その水生生物毒性は、汎用の C12-14 のアニオン界面活性剤と同等であった。この理由としては、バイオ IOS の内部親水基構造に由来して、例えば、C16 の長鎖アルキルが、C12 と C4 の 2 本のアルキル鎖のようにふるまうためではないかと考察している。

単に持続可能原料を活用できただけでなく、高い水溶性と高い界面活性の両立という一般的な界面活性剤では実現できない特徴を持つことから、バイオ IOS はサステナブル界面活性剤となり得ると考えている。豊かな暮らしを継続しながらも、地球環境への貢献ができるポテンシャルを示したことで、開発を軌道に乗せることができた。

3. ダーウィンの海を乗り切った要因

IOS（Internal Olefin Sulfonate）は、20 世紀後半に種々の研究が行われ、合成された実績があるアニオン界面活性剤である。ところが、洗浄製品として使用できる高品質な IOS を得る製造条件が見出されなかったことから、現在まで石油の二次回収などの工業用途としての実績はあったものの、洗浄用途には使用されていなかった。また、従来の研究では IOS は石油化学原料をもとに合成しており、植物油脂から工業化に乗せられるレベルでの効率的な生産は難しいと考えられてきた。そこでバイオ IOS の事業化に向けては、植物油脂からの製造ルートの確立と洗浄製品用途としての工業生産 / 販売に耐えうる品質・コストの確保が必要となった。

オレイン系油脂固体部からバイオ IOS への製造ルート設計にあたっては、保有の油脂誘導体合成技術や触媒設計技術を活かすことを念頭に置き検討が進められた。まず、原料のオレイン系油脂固体部を既存技術である水素還元反応により高級アルコールへと誘導した。続いて、得られた高級アルコールに対して脱水・異性化反応を行うことにより内部オレフィンを合成した。本反応においては、内部オレフィンの二

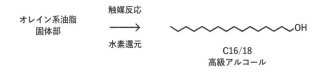

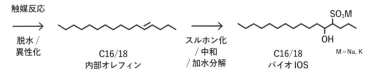

【図1】植物油脂からのバイオIOSの製造スキーム

重結合位置を精密にコントロールして合成することが要求されたが、保有の触媒設計技術により、触媒性能を緻密に制御することでこれを実現した。最後に内部オレフィンのスルホン化・中和・加水分解によりバイオ IOS を合成する反応を行った。本反応は、バイオ IOS 以外のアニオン界面活性剤の合成にも用いられる反応であったために、蓄積された知見を活用することで、当初懸念された着色をはじめとする品質上の課題をクリアすることができた。また、全ての反応工程において、連続式反応による制御システムを導入することで、高い生産性を実現し、許容されるコストでの製造を可能とした。以上のように、オレイン系油脂固体部からバイオ IOS への工業生産可能な製造ルートが確立できた。

4. 事業継続（BCP）・発展の鍵

このような検討を経てバイオ IOS は事業化に至り、2019 年の衣料用濃縮液体洗剤「アタック ZERO®」への配合を皮切りに、順次搭載製品を拡張させている。バイオ IOS が高い界面活性を持つことで、衣料用洗剤に配合される総界面活性剤量を減らしても同等以上の洗浄力が発現され、よりシンプルな処方設計が可能となった。これにより、原材料調達、生産、廃棄の３段階を対象に環境負荷について算出すると、弊社従来濃縮液体洗剤と比較してエネルギー使用量、CO_2 排出量

はそれぞれ約3分の2に、水質汚染負荷量は約2分の1に大きく低減することができた。

　今後のさらなる事業発展に向けて、現在、国内外問わず多くの企業と協業し、衣類以外を対象とした洗浄用途への更なる事業化に向けた取り組みを加速させている。その際にポイントとなるのは、バイオIOS開発に込めた我々の想いをお客様にしっかりと伝え、共感いただくことで、ひとりでも多くのお客様に搭載製品を使っていただくことにあると考えており、価値の伝達にも力を入れている。常に現状に満足せずに、将来の世の中のための研究開発をこれからも続けていく。

KSF

1. 研究テーマ決定までの経緯
- サステナビリティへの関心の高まり
- 油脂誘導体合成技術、触媒反応技術の活用

2. 魔の川、死の谷を乗り切った要因
- 豊かな暮らしを続けながら、地球環境へ貢献することへのこだわり
- 一般常識を覆す、親水基をアルキル鎖の内部に導入する発想への転換
- 持続可能な天然原料を用いながら、高い水溶性、高い界面活性を両立するバイオIOSの発見

3. ダーウィンの海を乗り切った要因
- 植物油脂原料からのバイオIOSへの工業的な製造ルートの確立
- 洗浄製品としての販売に耐えうる品質・コストの担保

4. 事業継続 (BCP)・発展の鍵
- 搭載製品の拡張
- お客様との共感の醸成

受賞歴

1. 第20回グリーンサステイナブルケミストリー賞「経済産業大臣賞」, 新化学技術推進協会

2. 令和3年度油脂技術論文最優秀賞, 一般財団法人油脂工業会館
3. 12th World Surfactant Congress （CESIO2023 Rome）, Oral presentation Technical & Applications award, European Committee of Organic Surfactants and their Intermediates

関連文献

1. Y.Tabuchi, et al, RSC Advances, 2021, 11, 19836
2. T.Suzuki, et al, Chemosphere, 2022, 286, 131676
3. T.Sakai, IFSCC Magazine, 2022, 25, 159
4. 坂井隆也, サステナブル時代の古くて新しいアニオン界面活性剤：バイオIOS, オレオサイエンス, 2020, 20, 9, 417
5. 坂井隆也, 界面活性剤とサステナビリティ, 日本香粧品学会誌, 2022, 46, 4, 353
6. 野村真人, サステナブル界面活性剤バイオIOSの開発, バイオマス材料の開発と応用, 技術情報協会, 2023

※ バイオIOS®、アタックZERO®は花王㈱の登録商標です。

事例23　新タイプの疎水性エーテル系溶剤（CPME）の開発

－日本ゼオン株式会社

事例紹介者：三木 英了

1. 研究テーマ決定までの経緯

　シクロペンチルメチルエーテル（以下 CPME）は日本ゼオン株式会社（以下、日本ゼオン）独自の原料と合成技術から生まれた全く新しいタイプの疎水性エーテル系溶剤である。日本ゼオンは元々ポリマーの製造・販売を主たる事業としており、この様な単一化合物を上市することは極めて少ない。その様な環境で、全く新しい単一化合物製品を上市できたのは、以下の背景による。

1）余り知られていないが、日本ゼオンには単一化合物を製造・販売する事業部（化学品事業部）が存在する。この事業部からは永らく新製品が出ておらず、新製品開発が熱望されていた。
2）一方、総合開発センター（日本ゼオンの研究開発拠点）には精密合成のプロが少なからず在籍しており、THF 代替溶剤開発の構想を温めていた。
3）会社として、5員環ケミカルに強みを持っていた。

　このような環境の中、2000 年 11 月より開始された CPME の開発は、当初委託製造によって確保したサンプルを用いた市場開発が主たる取り組みであった（この時は正式な研究テーマとして承認されていない）。しかしサンプルワークによる市場開発に取り組む中で、多数の大学やファインケミカル製造会社から CPME への問い合わせ・引

き合いが殺到し、追加サンプルの供給が引き合いに追い付かなくなった。さらに、委託製造における合成法は廃棄物が多く、採算度外視の合成法であった（**図1**）。

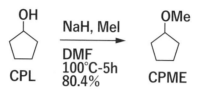

【図1】委託製造におけるCPMEの合成反応

そこで、一連の市場開発活動の結果を基に、上市に向けた生産技術開発の必要性を経営陣に説明し、2004年度にCPME製造法の開発が正式テーマとして承認され、社会実装に向けた本格的な研究・開発が始まった。

2. 魔の川、死の谷を乗り切った要因

CPMEの合成法については、多相系バッチ反応等を含む様々な合成法が検討された。一連の評価結果と、それに基づく経済性評価の結果から、固体酸触媒を使用したシクロペンテン（以下CPE）とメタノール（以下MeOH）の連続気相付加反応を採用した（**図2**）。

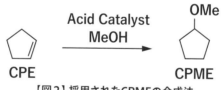

【図2】採用されたCPMEの合成法

これは、生産効率や、既存精製設備の転用等、様々な要素を検討した上での結論であった。反応に使用する触媒の探索を行った結果、酸強度と酸密度の観点から強酸性イオン交換樹脂が有望であることが明らかとなった。しかし、強酸性イオン交換樹脂を連続気相反応の触媒として採用した実用化事例は無く、様々な項目でエンジニアリング検討を入念に行わなければならなかった（**表1**）

【表1】プロセス開発における主な検討項目

検討項目	苦労した点
触媒充填法の確立	通常の触媒固定法では、触媒が反応管から抜け落ちてしまうため、特殊な固定法を開発し解決。
精製プロセスの構築	反応器出口の生成物組成が複雑な共沸関係にあることが判明。蒸留前に処理工程を入れることで何とか解決。
触媒の納入形態変更への対応	諸般の事情により、触媒の納入形態が急遽変更に。触媒の充填法、前処理法、触媒寿命等、多数の項目を全面見直しすることに。
触媒寿命の実証	停電等によるトラブルで実験のやり直しが発生。結局、目標の寿命が実証できたのは、プラント稼働開始の4カ月前。

　これらの課題を迅速に解決できた要因は、開発担当者の力量と関連設備の充実の二点に集約される。日本ゼオンではジシクロペンタジエン（以下 DCPD）を出発原料とするシクロペンタノン（以下 CPN）の新製造法を既に開発していた（**図3**）、この技術による生産プラントは 2004 年に商業運転を開始していた。CPME の製造技術開発（固定床気相連続反応）は、CPN 新製造法の第 4 工程（同じく固定床気相連続反応）を開発した技術者がそのまま担当したことから、結果的に当該反応技術に明るい技術者が担当する形になった。

　また、CPN 新製造法の開発に使用したベンチスケール実験設備が、ほぼそのまま転用可能であり、新たに実験設備を導入する必要がなかった。さらに、反応自体がスケールアップではなくナンバリングアップにより規模が拡大できたことと、精製工程（蒸留）については、社内に蓄積された知見を活用した高精度のシミュレーションが可能であったことにより、パイロット設備を建設せずに商業プラントの建設が可能となった。これらの要因が組み合わさったことにより、魔の川と死の谷を乗り切ることができた。

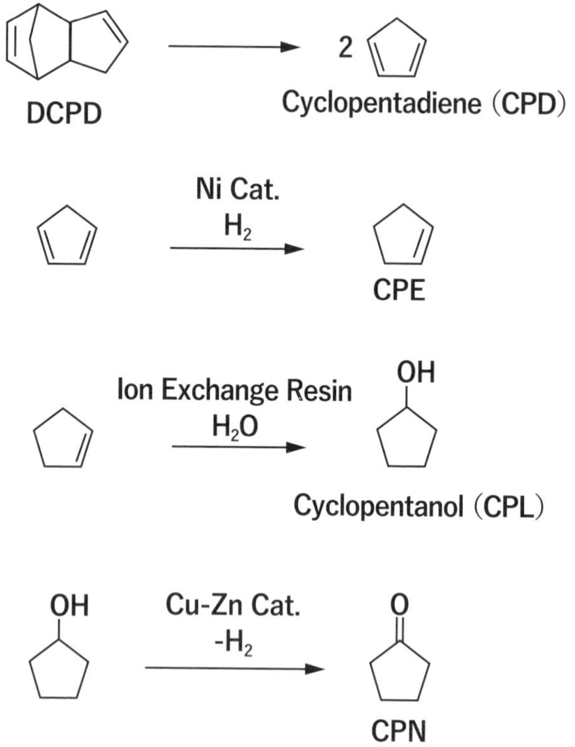

【図3】CPNの合成法

3. ダーウィンの海を乗り切った要因

　まず、CPME自体が優れた物性を有していたことが大きな要因となった（**表2**）。具体的にはジエチルエーテルよりも水との相溶性が低く、沸点が106℃と比較的高いことが大きなポイントとなった。この様な化合物がデザインできたのは、有機合成のプロがこの製品を着想したことが大きく寄与しているものと思われる。また、プラント建設前に市場開拓がある程度進んでおり、生産開始直後から、ある程度の販売量が見込めていたことと、既設のプラントの有効活用によりプラント建設費用を低く抑えられたことも大きな要因となった。また、原料のCPEが自社で生産できる強みもあった。

【表2】CPMEと他の汎用エーテルの物性比較

Ethers	Cyclopentyl Methyl Ether (CPME)	Tetrahydrofuran (THF)	Diethyl Ether
Chemical Structure	OMe（構造式）	（構造式）	（構造式）
Density（20℃）[g·cm^{-3}]	0.86	0.89	0.71
Vapor Specific Gravity（Air=1）[-]	3.45	2.49	2.56
Boiling Point [℃]	106	65	34.6
Heat of Vaporization (at Boiling Point) [kJ·kg^{-1}]	289.7	410.7	360.5
Solubility in Water (23℃) [g·100g^{-1}]	1.1	∞	6.5
Water Solubility in Ether (23℃) [g·100g^{-1}]	0.3	∞	1.2
Flash Point [℃]	-1	-14.5	-45

　これらの要因によりプラント稼働後5年で累計の黒字化を達成した。

4. 事業継続（BCP）・発展の鍵

　CPMEは、その後の更なる市場開拓等の取り組みが功を奏し、フル生産・フル販売の状態にある。また、医薬品規制調和国際会議（International Council for Harmonization of Technical Requirements for Pharmaceuticals for Human Use：ICH）の不純物リストに収載された（言い換えれば、医薬品製造時における使用にお墨付きをもらった）ことで、製薬会社からの引き合いが大きく増えている。これらの需要増を受けて、研究部門では、新たな高効率プロセスの開発が進められている。

KSF

1. 研究テーマ決定までの経緯
- 社内の単一化合物を製造・販売する事業部からの新製品開発の協力要請
- 社内の精密合成のプロによる、THF代替溶剤開発の構想
- 会社としての、5員環ケミカルに関する強み

2. 魔の川、死の谷を乗り切った要因
- シンプルな合成経路
- 固定床気相連続反応に明るい技術者を開発担当者として起用
- 別の開発案件で使用した設備の転用
- 反応形態の特性や社内のシミュレーション技術によるパイロットテストの省略

3. ダーウィンの海を乗り切った要因
- CPME自体の優れた物性
- 事前の市場開拓による顧客の確保
- 既設のプラントの有効活用によるプラント建設費用の低減
- 原料の自社生産

4. 事業継続（BCP）・発展の鍵
- 上市後の弛まぬ市場開拓
- CPMEの、ICH不純物リストへの収載
- 更なる高効率プロセスの開発

受賞歴
1. 有機合成化学協会賞（2007年）
2. CPhI Innovation Awards 2010（銅賞）（2010年）
3. InformexUSA Profile in Sustainability （製品）（2011年）
4. 石油学会　技術進歩賞（2018年）

関連文献
1. 有機合成化学協会、日本プロセス化学会編：「企業研究者たちの感動の瞬間−ものづくりに賭けるケミストの夢と情熱−」、化学同人、pp.189（2017）
2. Hideaki Miki, Journal of the Japan Petroleum Institute, Vol.62, No.4, pp.173（2019）
3. 三木英了, ペトロテック, 41巻, 9号, pp.701（2018）

4. Hideaki Miki, Journal of the Japan Petroleum Institute, Vol.62, No.6, pp.245 (2019)

事例24 ポリ乳酸改質剤TRIBIO® の開発 －第一工業製薬株式会社

事例紹介者：森下　健

1. 研究テーマ決定までの経緯

　ポリ乳酸（PLA）は1930年代頃から開発されてきたが、当時のPLAは室温環境下でも数カ月程度で分解してしまい、あまりにも不安定な材料のため実用化には至らなかった。その後研究が進められ、PLAの加水分解因子であるラクチド（乳酸の環状2量体）含有量の低減化が進み、2002年に米国のCargill Dow LLC（現 NatureWorks LLC）が14万トン/年のプラントを立ち上げ商業生産を開始した。

　PLAはとうもろこしやサトウキビなどの植物由来の原料であり、使用後は加水分解により水と二酸化炭素に分解される。当時、地球温暖化の原因とされる二酸化炭素の削減や廃棄物削減の点から、次代を担うプラスチックとして期待されていた。ただし、PLAは硬くてもろい、非晶状態では耐熱性が低い、結晶化速度が遅く生産性が悪いなど多くの欠点がある樹脂だった。日本では2005年の愛知万博を契機に普及のための本格的な検討が進み、結晶核剤、可塑剤、耐衝撃性改質剤などの添加剤を各社が製品化していた。

　そんな中、ある食品包装容器メーカーから、透明性を維持しつつ、耐熱性が向上できれば、用途が大幅に広がるという相談を受けた。当時、結晶核剤として汎用的に使用されていたタルクでは、球晶の成長促進により結晶化速度は改善されたものの、タルクの粒子径が大きく、光を乱反射することから、製品は不透明であった。タルクの微細化も検討されていたが透明性改善の効果は限定的であった。

当社はポリ乳酸の添加剤開発では後発であったため他社との差別化を図る必要があった。そこで開発方針は、これまで未解決で困難とされた透明性と耐熱性の両立にターゲットを絞った。

　課題解決の手法としてはポリ乳酸の球晶サイズを、可視光の波長よりも小さなナノ領域のサイズに制御することで光の散乱を抑制することである。そのためにはポリ乳酸特有のステレオコンプレックス結晶が鍵と考えた。市販のポリ乳酸はL-乳酸を原料としたポリL乳酸（PLLA）である。一方、D-乳酸を原料とするとポリD乳酸（PDLA）になる。これらの結晶構造は立体配置により、互いに逆回りの螺旋構造となる。PLLAとPDLAの混合により得られる結晶はステレオコンプレックスと呼ばれ結晶核剤として作用することが知られていた。当時、A社が開発していた添加剤（PDLA Filler）は、PDLAを基本構造としており、ステレオコンプレックスを効率よく形成することが知られていた。A社からこの技術を導入することでポリ乳酸の透明性と耐熱性を両立させる添加剤の開発に着手した。

2. 魔の川、死の谷を乗り切った要因

　早速、食品包装容器メーカーでラボ試作に着手し、真空成形にて初期評価を実施した。成形品はPETやPSに近い透明性で、100℃以上の耐熱性を持つ成形品が得られた。PDLA fillerによるステレオコンプレックス結晶が核として作用し、狙い通り微細結晶を形成していた。すぐにパイロット試作への移行を検討していたが、この時期にちょうど厚生労働省より、ポリ乳酸を主成分とする合成樹脂製の器具または容器包装に関わる食品健康影響評価の結果が発表された。そのなかではD-乳酸の乳幼児への代謝の影響に関する研究結果が記載されており、D-乳酸の安全性の懸念と含有率、使用条件等に管理措置の設定が必要であることが結論付けられた。食品包装容器として使用するうえで、使用する化合物の安全性は必須条件である。また、当時D-乳酸はL-乳酸に比べ高価であり、将来的には価格が下がると予想され

たものの、ボリュームゾーンの使い捨て食品包装容器を狙うにはコストの壁が大きく立ちはだかる懸念もあった。このような状況から、機能的には優れていたが、開発の継続を断念せざるを得なかった。

しかしながら、検討段階においてポリ乳酸の結晶サイズを微細化すれば、結晶化後も透明性を維持できることが実証されたので、これらと同等の性能を持つ安価で安全な結晶核剤の探索に切り替えた。また、顧客の要求事項は透明耐熱のみならず、結晶化速度すなわち生産性の改善や衝撃性の改善も求められていた。当然、1成分だけではそれら全てを満足することができないため、複数の添加剤で最適な配合品を作り上げ、顧客ではこれ一つ添加すれば性能を満たせる1パック型の添加剤配合品の開発に方針を切り替えた。

複数の添加剤の組み合わせを1年程度検討する中でようやく、透明性と耐熱性の両立、さらに結晶化速度を改善する最適な添加剤配合品が完成した。また、添加剤選定の際には食品包装容器に関わる各種法規制を満たしており、安全性の問題も解決できた。さらに、顧客での使い易さを考慮し、提供方法はワンパック化したマスターバッチペレットでの販売を目指した。

3. ダーウィンの海を乗り切った要因

マスターバッチ化の方針は確定したものの、自社にはラボサイズの押出機しか保有していなかった。また、混練技術の無い当社ではマスターバッチの実機製造は外部コンパウンダーへの委託に頼る必要があった。手始めに、懇意にしているコンパウンダー数社に製造を打診し試作を重ねたが、添加剤の成分の多くは PLA よりも融点が低く、混練時は液状化し、マスターバッチの高濃度化は思いのほか困難を極めた。また、コンパウンダーで試作を重ねるものの、スクリュー構成や混練条件などは非開示の技術情報が多く、次に活かすための情報量も十分ではなかった。結果として国内大手のコンパウンダー含め7社に依頼したが、高濃度化は難しく、マスターバッチ化できても生産性

が悪いことから加工費が想定以上に高くなり、コスト面で折り合いがつかなかった。

　一方で、いろいろなコンパウンダーと試験を重ねる中で、少なからず自社でも知識、技術が向上していたこともあり、これ以上はコンパウンダー任せにせず、自社での製造技術確立に方針を切り替えた。そうとはいえ自社だけでは限界があるため、押出機メーカーへ相談し、最適なスクリュー構成について議論、試作を重ねることで遂に最適なスクリュー構成、押出条件を確立した。これによりコンパウンダーの技術に頼らず、自社技術を持ってコンパウンダーへ製造委託することも可能となり、国内、海外含め選択の幅が広がった。また、自社で設備投資し製造することも検討したが、製造能力、加工コストを考慮し、最終的に国内のコンパウンダーへ委託し製造を開始した。開発の初期コストを抑制すると共に、ポリ乳酸改質剤「TRIBIO®」の販売に漕ぎつけた。

4. 事業継続（BCP）・発展の鍵

　販売拡大のため、ポリ乳酸の消費地である欧米への売り込みを始めた。特に米国は世界最大のPLAメーカーであるNatureWorks社の生産拠点でもあり、製造から消費まで米国で完結するものと思い米国の大手真空成形メーカー数社へ紹介した。いくつかのメーカーが性能に興味を持ち、少量試作でも良い結果が得られたものの、商業製造には辿り着かなかった。食品包装容器は少量多品種であり、透明耐熱容器の需要は一定量あるものの、少品種大量製造を得意とする米国の真空成形メーカーは手を出すことに躊躇っていた。また、当時、PLAの製造能力は米国のNatureWorks社の14万トン／年にとどまり、本格採用となった場合に供給面での不安も重なり製品化には至らなかった。一方で、少量多品種の製造を得意とするのが、台湾、中国の成形メーカーで、製造実績も多いことが判明した。特に台湾は非耐熱のPLA製食品向容器を成形しているメーカーが多く、他社との差

別化のために、透明耐熱容器のニーズは大きかった。また、マスターバッチは、顧客側でドライブレンドするだけで使用できる手軽さから、粉立ちによる設備汚染を気にする食品包装容器メーカーからハンドリング性の良さも評価された。

　一方、台湾メーカー数社に紹介していく中で、成形条件の最適化などテクニカルサポートを強く求められるようになった。ポリ乳酸は結晶化することで性能を発揮するため、一般的な真空成形のように金型内で急冷すると非晶状態で性能が発揮されない。ポリ乳酸の場合、110℃程度に加熱した金型内で結晶化させる必要がある。同様の成形方法はC-PETのような結晶性PETを扱うメーカーであれば容易に理解してもらえるが、PET、PSを扱うような既存の成形メーカーでは、性能を発揮するための成形条件の最適化までのハードルが高い。また、成形条件の許容幅も狭く誰でも簡単に使いこなせる状態ではなかった。

　当社では自社や成形メーカーとの多くの試作で培った成形ノウハウを活かし、初めてPLAを扱う顧客に向けて現地での試作立ち会いも含めたテクニカルサポート体制を強化した。正しい成形条件で使用することで本来の性能を発揮し製品の拡販に繋がった。本件では処方開発から最終的な顧客での使いこなしまで総合的にサポートすることで顧客の信頼を得ることができ製品の拡販に繋がった。

KSF

1. **研究テーマ決定までの経緯**
   - 他社からの技術導入と市場ニーズとの合致
   - 環境意識の向上と石油由来の非生分解性樹脂に対する規制強化の動き
   - 後発ゆえにこれまで解決できていない難易度の高い課題にターゲットを絞った

2. **魔の川、死の谷を乗り切った要因**
   - 結晶の微細化による透明性維持と耐熱性の向上
   - 複数の添加剤の最適配合により、安全性と高機能化に成功

3. **ダーウィンの海を乗り切った要因**
   - マスターバッチ化技術の獲得
   - コストダウン、初期投資の回避

4. **事業継続（BCP）・発展の鍵**
   - 最終消費地よりも、主要生産拠点である台湾、中国に開発のターゲットを絞った
   - 成形技術の獲得による顧客へのテクニカルサポート体制の強化

受賞歴

1. 一般社団法人大阪工研協会　第72回工業技術賞（2022年）

関連文献

1. ポリ乳酸 植物由来プラスチックの基礎と応用　辻 秀人（2008）
2. Journal of the Society of Materials Science, Japan, Vol.56, No.10, pp.993-997, Oct. 2007
3. 森下 健：JETI　Vol. 67, No.11, p20-23 (2019)
4. 森下 健：プラスチックス　9. P22-26 (2019)

事例25　低温高活性脱硝・ダイオキシン類分解触媒の事業化 －株式会社日本触媒

事例紹介者：熊　涼慈

1. 研究テーマ決定までの経緯

(1) 社内要因

当社は発電所などの固定発生源から排出される排ガス中の窒素酸化物（NOx）処理用触媒、通称脱硝触媒を1970年代に自社技術で開発・事業化した。TiO_2系担体にV_2O_5、WO_3などを添加した触媒（$V_2O_5 - WO_3/TiO_2$）が主力であり、現在も環境触媒事業の中心的製品として製造・販売を行っている。排ガス処理においては圧力損失低減のためハニカム形状の触媒を用いることが一般的であり、当社は独自の粉体製造およびハニカム成形技術と、営業部門を中心とした丁寧なサポートにより、顧客ニーズに対応してきた。

(2) 社外要因

発電所以外の大規模NOx発生源として、都市ごみ焼却炉排ガスが挙げられる。この排ガス処理にも同様の触媒が必要とされるが、NOxだけでなく、飛灰中にダイオキシンが含まれるとの報道を発端として1983年頃から国内で社会問題となり、1990年にダイオキシン類排出抑制ガイドラインが通知され、また、1999年にはダイオキシン類排出規制が成立した。この規制強化を機に、ごみ燃焼温度最適化、除塵装置、ダイオキシン類分解触媒、といったダイオキシン類抑制技術の導入が加速度的に進められた。当社もこうした動きを営業部門経由でいち早く捉えており、新たなビジネスチャンスと位置付けて、1994年に新規研究テーマとして触媒開発を開始した。

2. 魔の川、死の谷を乗り切った要因

ごみ焼却炉排ガス処理プロセスにおいて、焼却炉から排出されたガスはバグフィルターなどで飛灰を除去した後にダイオキシン類分解触媒で処理される形式が一般的である。

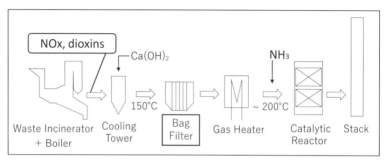

【図1】ごみ焼却炉排ガス処理プロセスの一例

この場合、バグフィルターの耐熱性の観点から触媒入口ガス温度は200℃未満となり、通常300～400℃で処理を行う発電所排ガスと比べ、低温で優れた触媒性能が求められる。ダイオキシン類分解触媒については当時世界中で研究が行われ、V、Cr、Mn、Cu、Pdなどの成分が触媒活性を示すことが報告された[1-3]。これらのうち、排ガス中の塩素や硫黄への耐性、および、単一の触媒でダイオキシン類分解と脱硝を同時に行えることから、従来の脱硝触媒でも用いられる V_2O_5 が活性成分として主流となった。

当社は早期市場投入を図るため、実績のある従来型 $V_2O_5 - WO_3/TiO_2$ 系脱硝触媒をベースとした開発に注力した。低温における性能の最大化を目指して触媒組成最適化など基礎研究を行い、小スケール触媒活性評価装置、ハニカム触媒耐久試験装置、各種ガス分析機器、分光分析機器などを駆使することにより研究開発を進めた。特に、ダイオキシン類分解性能のラボ評価における安全性を確保するため、ダイオキシン類に構造と分解特性が類似する化合物を探索し、ク

ロロフェノールやクロロトルエンが代替物質として適することを立証し[4]、評価体制を構築した。

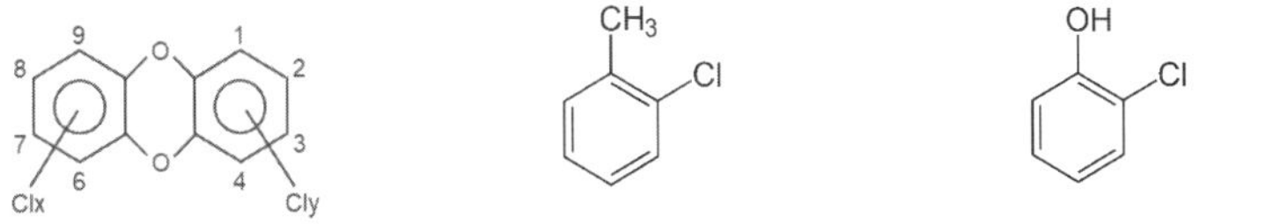

ダイオキシン類　　**o-クロロトルエン**　　**o-クロロフェノール**

【図2】ダイオキシン類似化合物

ユーザーの協力により得られた実ガス評価データも活用しつつ研究開発を進め、200℃未満において実機適用可能なレベルの脱硝活性およびダイオキシン類分解活性を有する触媒を開発した。研究・製造・品質管理部門間での協力の下、ハニカム成形条件の改良、触媒乾燥焼成条件の最適化など量産化検討を経て製品仕様を確定し、1997年に販売を開始した。

しかし、ダーウィンの海を乗り切ることは容易ではなかった。既存自社技術と触媒製造設備を活用できたため、比較的容易に魔の川と死の谷を越えることができたものの、販売後、200℃未満では排ガス中に含まれる硫黄由来の塩類が触媒表面に想定以上に蓄積し、十分な触媒寿命を発揮できない事例が散見され、加えて知財面でも競争が激化し、苦境に陥った。

3. ダーウィンの海を乗り切った要因

200℃未満の低温では劣化が顕著に進行することは従前からある程度予見されており、当社では $V_2O_5 - WO_3/TiO_2$ 系触媒の量産化検討と並行して、低温耐久性に優れる新型触媒の開発を進めていた。魔の川の手前まで引き返し、研究の初期段階から始める形となったが、当時の研究所長が脱硝触媒の研究者であったことから強力なリーダーシップを発揮し、かつ事業部としてダイオキシン対策ビジネスに大きな期待を寄せていたことも原動力となり、研究チームは新型触媒の開

発に意欲的に取り組んだ。助触媒成分である WO_3 の代わりに、MoO_3 を用いることが低温における活性向上に有効であることは学術論文等にも記載されており[5]、$V_2O_5 - MoO_3/TiO_2$ 系をベースに触媒開発を進めた。この触媒系での MoO_3 の取り扱いは当社ではそれまでにほとんど経験が無く、適用は容易ではなかった。しかし粘り強く触媒組成の最適化を行い、研究・製造部門による試行錯誤の結果、$V_2O_5 - WO_3/TiO_2$ 触媒と同等以上の活性を有し、かつ低温耐久性を大幅に高めた触媒の開発に成功し、1999 年頃に $V_2O_5 - MoO_3/TiO_2$ 系触媒の製品化を実現した。

　しかしこの触媒は従来型脱硝触媒と類似の製法であるため、競合他社も同様の MoO_3 添加触媒を市場投入すると予測し、筆者を含む研究チームでは更なる改良に取り組んだ。当社は独自の複合酸化物製造技術を保有していたことから、MoO_3 を単純に TiO_2 粉体と混合するのではなく、複合化により MoO_3 を高分散状態とすれば、助触媒としての効果が高められると考えた。そして基礎研究とスケールアップ試作を経て、SiO_2 も同時に添加した $TiO_2 - SiO_2 - MoO_3$ 複合酸化物（略称：TSM）の合成に成功し、この TSM に V_2O_5 を担持した触媒、すなわち V/TSM を開発した。触媒活性と耐久性を詳細に比較したデータを収集し、V/TSM が $V_2O_5 - MoO_3/TiO_2$ を上回る初期活性と耐久性を有することが確認され、早期に特許出願を行った。驚いたことにほぼ同時期に、他社からも類似の複合酸化物が記載された特許が出願されていたが、当社の方が 1 カ月早く出願していたことが確認され、間一髪で難を逃れた。

　TSM 複合酸化物の量産化においては、原料溶解槽の設置および軽微な設備変更を行ったが、コストアップを最小限に抑えるため基本的に既存設備を活用し、製造部での複合酸化物粉体試作、ハニカム成形試作を経て、2003 年頃に製品として完成した。低温で優れた活性と耐久性を有する V/TSM 触媒を適用することで、排ガス処理装置に充填する必要触媒量を低減可能となり、ごみ焼却炉排ガスプロセスの低

コスト化に繋がることから、ユーザーから高い評価を得た。

4. 事業継続（BCP）・発展の鍵

V/TSM触媒は製品化後、ダイオキシン類分解触媒の主力製品として、着実に売り上げを伸ばし、当社の一連のダイオキシン類分解触媒は約30年の間に40都道府県、延べ約200件の案件に採用された。環境省の統計によれば、国内のダイオキシン類排出量は1999年の特別措置法成立以降、20年間でおよそ100分の1まで低減された。当然ながらこの成果は触媒改良だけでなく、ごみ燃焼制御技術や除塵技術など様々な工程の改良、並びに、これらを組み合わせた排ガス処理プロセス全体の最適化により成し得たものであるが、当社の触媒技術が排出量低減に一定の貢献を果たすことができたものと考えられる。

加えて当社研究チームでは、TSM複合酸化物を適用することがなぜ活性や耐久性向上に寄与したのか、その要因について探求するため学術的な解析技術の開発も進めた。自社で保有するX線回折などの分析装置に加え、SPring-8や高エネルギー加速器研究機構といった大型放射光施設でのX線吸収解析などにより、性能向上メカニズムを解明すると共に、得られた知見に基づき新規パラメータ特許を出願し、知財面での事業強化にも活用した。V/TSM触媒を開発してから約20年が経過したが、得られた知見をまとめた論文が学術誌に掲載され[6-8]、こうした取り組みが評価された結果、2021年には触媒工業協会の技術賞を賜った。

このように、営業部門によるニーズ情報収集が重要であることは言うまでもないが、研究チームや製造・品質管理部門など、触媒事業全てに携わる作り手のこだわりと飽くなき探求心が、事業継続の鍵の一つであると言えよう。

さらに近年世界中で、カーボンニュートラルの観点から、バイオマス変換・CO_2有効利用などの分野で触媒の重要性が改めて認識されている。当社では蓄積された触媒関連のコア技術を活用し、新規事業創

出を加速するため 2023 年度に組織改編を行い、GX 研究本部を設置して触媒関連の研究部門を大幅に強化した。社名の一部でもある「触媒」をキーワードとして更なるソリューション事業展開を進めることにより、引き続き社会に貢献することこそ、当社の使命に他ならない。

KSF

1. **研究テーマ決定までの経緯**
   - ダイオキシン類の排出規制強化
   - 低温高活性排ガス処理触媒という明確なニーズの存在
   - 既存触媒製品の耐久性不足
2. **魔の川、死の谷を乗り切った要因**
   - 事業化障壁に対し、研究段階まで戻り、再度新規触媒の開発・製品化を決断
   - 自社コア技術として既存触媒のノウハウや実験設備を保有、活用
   - 研究・製造・品管部門の連携による早期量産化
3. **ダーウィンの海を乗り切った要因**
   - 初期開発品では他社との差別化が難しいとの早期判断
   - 更なる触媒改良への飽くなき探求心と早期知財化
4. **事業継続 (BCP)・発展の鍵**
   - 触媒性能の差別化、コスト低減努力
   - 長年かけて蓄積したコア技術、および新規分野への活用

受賞歴

1. 2004年　近畿化学協会　環境技術賞「ダイオキシン類分解触媒の開発」
2. 2021年　触媒工業協会　技術賞　「高活性・高耐久性脱硝触媒の開発および高性能発現メカニズムの解明」

関連文献

1. H. Hagenmaier, H. Brunner, R. Haag, M. Kraft, Environ. Sci. Technol. 1987, 21, 1085–1088.
2. S. D. Yi, D. J. Koh, I.-S. Nam, Catal. Today 2002, 75, 269–276.
3. Y. Liu, Z. Wei, Z. Feng, M. Luo, P. Ying, C. Li, J. Catal. 2001, 202, 200–204.
4. 杉島, 小林, 触媒 2001, 43, 559–564.

5．L. Casagrande, L. Lietti, I. Nova, P. Forzatti, A. Baiker, Appl. Catal. B Environ. 1999, 22, 63–77.
6．R. Kuma, T. Kitano, T. Tsujiguchi, T. Tanaka, Ind. Eng. Chem. Res. 2020, 59, 13467–13476.
7．R. Kuma, T. Kitano, T. Tsujiguchi, T. Tanaka, Appl. Catal. A Gen. 2020, 595, 11749.
8．R. Kuma, T. Kitano, T. Tsujiguchi, T. Tanaka, ChemCatChem, 2020, 12, 5938–5947.

ノンフタレート型アリル樹脂
「RADPAR™」の開発
−株式会社大阪ソーダ
事例紹介者：井上　聡

1. 研究テーマ決定までの経緯

　当社ではアリル樹脂の一種であるジアリルフタレート（Diallyl Phthalate）を重合したダップ樹脂（商品名：ダイソーダップ™）を上市している。アリル樹脂の原料となるアリルモノマーは通常のビニルモノマーと違い、重合中に成長反応だけでなく退化性連鎖移動反応も同時に起きる。このため、アリル樹脂は通常のビニル樹脂とは異なり一次ポリマー鎖長が短い構造を持つ。ダップ樹脂のように多官能のアリルモノマーを原料としたアリル樹脂は、この短い一次ポリマー鎖長を持つ多数のポリマーが架橋し、不規則な枝分かれ構造を持っている（**図1**）。これは多分岐ポリマーと同様に、ポリマー分子内に多数の末端を持った構造である。このため、溶媒との親和性が高くなり、直鎖状で末端の少ない構造の樹脂と比較すると同じ分子量でも溶剤等への溶解性が高くなる。

【図1】アリル樹脂の構造

この特徴を活かす用途としてUVインキへの展開がある。ダップ樹脂は同じくUVインキに用いられている他の樹脂と比較してUVインキに使用されるアクリルモノマーに対しても溶解性が高い。このため、他の樹脂よりも分子量が高くてもUVインキに使用できる。また、ダップ樹脂はその構造中に、アクリルモノマーのアクリル基と反応しうる未反応のアリル基を多数持っている。このような他の樹脂にはない特徴を持つダップ樹脂をUVインキに添加すると、硬化速度や印刷適正が向上することが知られている[1,2]。また、油性インキは溶剤を使用するため、乾燥工程で大量の溶剤を揮発させる必要がある。これに対してUVインキは溶剤を使用しない。このため、環境意識の高まりやVOC規制などからUVインキは年々販売量が増加している。日本のUVオフセットインキにおいては、ダップ樹脂を使用したものが主流となっている。

　一方、ダップ樹脂は原料であるジアリルフタレートモノマーを少量ではあるが含有している。ジアリルフタレートモノマーはフタル酸エステルの一種であるため、欧米を中心に食品パッケージ用途のインキには使用しない動きがある。さらに、食品パッケージ用途においては基材として紙だけでなくプラスチックも用いられている。ダップ樹脂を用いたインキはプラスチック基材への密着が悪く、この点を改良できればプラスチック基材用のインキにも展開がはかれる。また、インキメーカーではインキの物性を調整するにあたり、UVインキに様々なアクリルモノマーを使用している。つまり、様々なアクリルモノマーに溶解する樹脂はUVインキの配合の幅を広げることになる。

　以上のことからダップ樹脂のUVインキ用樹脂としての優れた特性を保ちつつ、さらに以下の特徴を持つ樹脂を開発することとなった。
・樹脂の構造にフタル酸エステル構造を持たない。
・添加したインキがプラスチック基材への密着性が高い。
・ダップ樹脂が溶解しないアクリルモノマー、オリゴマーへ溶解す

る。

　様々な多官能アリルエステルモノマーにて樹脂を作製し、その物性の確認を行った。その結果、以下のダップ樹脂の芳香族環を脂肪族環構造にした樹脂であるノンフタレート型アリル樹脂「RADPAR™」の開発に至った。

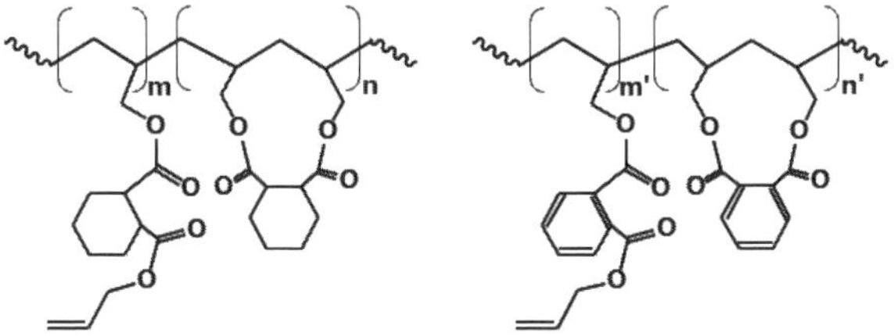

ノンフタレート型アリル樹脂　　　　　ダップ樹脂
「RADPAR™ AD-032」　　　　　「ダイソーダップ™」
【図2】樹脂の構造

　RADPAR は図のようにフタル酸エステル構造をもっておらず、さらにダップ樹脂は溶けないアクリルモノマーやウレタンオリゴマーなどにも溶解することが明らかとなった。さらに RADPAR を用いたインキはダップ樹脂を用いたインキと同等の硬化特性や印刷適正を持っていることも確認できた。

2. 魔の川、死の谷を乗り切った要因

　サンプルの確保も兼ねて、従来のダップ樹脂の製造法を参考にパイロットプラントを用いた試作を行った。パイロットプラントの試作で得られたデータとラボで得られていたデータの差異について、さらにラボで追試を行い詳細なデータを取得した。そのデータを元に、パイロットプラントでの量産試作を行った。そのデータとダップ樹脂のプラントでのデータを用いて本プラントの設計を行い、量産を開始した。本プラントでの製造において、乾燥工程にてトラブルが発生した。これは、RADPAR の軟化点がダップ樹脂と比較すると低いことが原

因であった。これに対して、生産技術や工場のメンバーの経験や協力を元に設備の改善や運転条件の変更等の対策を行った。以上の結果、2018年3月に本プラントでの量産を開始、製品として上市した。

3. ダーウィンの海を乗り切った要因

　製品として上市したこともあり、顧客へのサンプルワークを加速させた。しかしながら、顧客からの評価結果が全く異なる、極端に言えば正反対になることがあった。その当時、顧客へのデータの提示はワニス（アクリルモノマーに樹脂を溶かしたもの、インキの一成分）での物性で行っていた。しかしながら、当然のことではあるが顧客からの評価結果はインキとしてのものであった。後ほどの検討で分かったことだが、インキとしての物性はワニス物性のみで決まるものではなく、ワニスが同一のものでも、顔料をはじめとするその他のインキ成分や、その配合量によって大きく変わることが分かった。つまり、顧客での評価の際に従来のインキの樹脂成分を単純にRADPARに置き換えただけであると、その配合により評価結果が大きく左右され、良いときもあれば悪いときもあるということであった。インキの主要成分である顔料によるインキ物性の違いを一例として示す（**図3**）。この図は墨インキの顔料と流れ性の関係を示したものである。これらの墨インキは顔料以外の配合は同一のものであるが、このように配合中の顔料が異なるだけで物性には大きな違いがあることが分かる。

　このため、顧客での評価を促進させるためには、RADPARにあったインキの配合を含めた提案を行う必要があることが分かった。これを受けて、実際のインキ製造に即したインキサンプルの作製とその物性の評価技術の確立を行った。これにより、顧客ごとに改善案を提示することができるようになった。

　新たな物質が採用されるためには各国や各機関でのインベントリーを取得していることが必要になる。特に欧州で食品パッケージ用途向けインキに採用されるためには「スイスオーディナンス」と呼ばれる

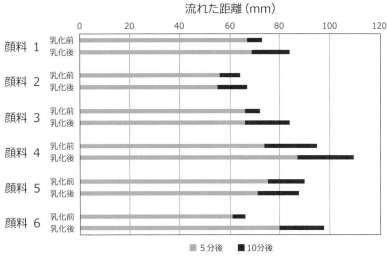

【図3】墨インキの顔料と流れ性の関係

食品非接触の印刷インキを含む包装材料のポジティブリストとそこからの化学物質溶出量を規制するスイス連邦の条例があり、そのポジティブリストに登録されることが必須とされる。この登録に関して、非常に苦労したものの社内の各部署の協力を得て、登録が完了した。

4. 事業継続（BCP）・発展の鍵

RADPAR 事業をさらに発展させていくためには UV オフセットインキ以外の用途の開拓が必要となる。そこでダップ樹脂と RADPAR の違いについてさらに調査を行った。その結果、RADPAR はダップ樹脂では溶解せず使用できなかった種々のアクリルモノマーに溶解するだけでなく、UV 塗料などに使われているウレタンオリゴマーなどにも相溶することが分かった。このことから、ダップ樹脂では展開できていない UV 塗料、UV コーティング、UV インクジェットなどの他用途への展開が可能であると考えている。また、同様にダップ樹脂では溶解しなかった大豆油アクリレートにも溶解することから、バイオマス表示が可能な UV インキへの展開も考えられる。

KSF

1. 研究テーマ決定までの経緯
- ● ダップ樹脂では解決できない課題への対応
- ● アリル樹脂の新たなグレードの必要性

2. 魔の川、死の谷を乗り切った要因
- ● ダップ樹脂の製造技術の蓄積
- ● パイロットプラントでの課題の抽出
- ● 生産部門との協力体制

3. ダーウィンの海を乗り切った要因
- ● 最終製品としての評価技術
- ● インベントリーの充実

4. 事業継続 (BCP)・発展の鍵
- ● 新規用途の開拓
- ● 安定した製品供給

受賞歴

1. 近畿化学協会　化学技術賞 (2021年)

関連文献

1. 井上聡, MATERIAL STAGE, Vol. 19, No. 3, 49 （2019）
2. 井上聡,『UV・EB硬化技術の最新開発動向』, シーエムシー出版, 第3章-1 （2021）
3. WO2019/039158
4. 特開2019-26675
5. WO2017/170388
6. WO2016/125663
7. 特許第6690554号

事例27 新たな一歩、抗ウイルス性をもつ 活性炭の開発

－満栄工業株式会社

事例紹介者：前田 貴広

1. 研究テーマ決定までの経緯

　多孔質素材の一つでもある活性炭は身近で安全な機能性材料であり、その市場は拡大傾向が続いている。その一方で、枯れた技術・製品としての「汎用活性炭」と、用途・対象を絞った「高機能・高付加価値活性炭」との二極化が進行していた。

　満栄工業では、汎用活性炭の再生・OEM 主体の業務形態に危機感を持ち、独自の研究開発を行い高付加価値活性炭の製造へも取り組む方向に舵をきった。目標は、吸着対象物に合わせて細孔構造を自在に制御できる製造技術の開発にあり、この技術が確立できれば、医療、化学、食品など様々な分野に応用が期待できると考えた。そこで注目したのが樹脂からの活性炭製造であった。これまで天然原料（ヤシ殻や石炭など）から活性炭を製造していたが、活性炭の細孔構造の発達は、原料の分子構造に大きな影響を受ける。規則的な分子構造を持つ樹脂からの活性炭開発ができれば、樹脂の分子構造を変えることで、活性炭の細孔構造の設計が容易になると考えた。

　研究開発当初は、市販のフェノール樹脂を用いて、水蒸気とアルカリ賦活により、医薬用分野活性炭の製造を目指していた。しかし市販の樹脂原料ではその分子構造に依存した細孔が発達するため、選択吸着性が乏しく、生体に有効な酵素まで吸着してしまうという問題がおきていた。

　また当時、満栄工業でも各種素材炭化物の吸着特性研究を重ねて、

アミノ糖などを炭化させるとウイルスに対する吸着性を示すことを掴んでいた。（ここでは、主にアミノ糖について言及する。）しかし、このアミノ糖は炭化して活性炭化すると、5％程度収率となりかつ抗ウイルス性（ウイルス感染価減少率）が86％と、市場から求められるスペックにはならなかった。抗ウイルス活性炭の開発は、工業化できなかった難しい研究であり、「見通しがつかない」と判断すべきだという意見が社内大勢の中で、開発チームには、3カ月の研究猶予を与えられた。

　チームリーダーは、原料であるフェノール樹脂を合成から行い、分子構造に差をつけることで活性炭化後の選択吸着性の向上の研究を開始した。従来技術では、高分子重合にモノマーを用いる設計だが、満栄工業はモノマーだけではなくアミノ糖を併用する新規の手法によって構造体にアミノ糖を導入する方法を模索した。重合時にアミノ糖を導入することにより、高性能なフェノール樹脂活性炭にアミノ糖活性炭の抗ウイルス性能を持たせることができるのではないかと考えた。ラボで合成したアミノ糖含有フェノール樹脂の製造には成功し、活性炭化すると99.999％を超える抗ウイルス性を達成することができた。また、これまでの細孔とは表面状態が異なり選択吸着性が向上したことも確認できた。アミノ糖が持つ原子によって樹脂活性炭の内部から表面にかけて修飾された活性炭の可能性を示し、この時点で研究開発の継続が決まった。

2. 魔の川、死の谷を乗り切った要因

　抗ウイルス性活性炭の開発は、プロジェクト研究テーマに採択された。当該分野における先行研究のうち、カーボンシルク炭にも抗菌、抗ウイルス性を示すが、効果は薄いという知見があった[1]。まず、シルク包括フェノール樹脂の製造に着手した。当時は、豚コレラや口蹄疫ウイルスなどが社会問題となっており、効果のある活性炭が開発できないかと考えた。テンプレートとして、N$^+$基（窒素官能基）を持

つキトサン等の他のアミノ糖類の検討をしている中、ある研究機関がナノ粒子のキトサン水溶液を製造・製品化したという情報を知った。そこで、その研究機関に接触を試みたのである。しかし、このナノ粒子のキトサンは、液状でかつ酸性だったため、樹脂製造には適さなかった。その後、研究機関のご厚意でキトサン製造会社をご紹介いただき、マイクロ粒子のキトサンを入手。キトサン包括フェノール樹脂の製造にも着手した。しかし、製造は難航した。フェノールとホルマリンと、アルカリ触媒による溶液の中でアミノ糖を溶解することが非常に難しかった。溶解することができるようになっても、今度は反応容器内で凝固反応が急激に進み、一気に固体となってしまう現象に悩まされた。次に、酸性触媒のノボラックで製造しようとするも、同じく油状化現象に悩まされた。ここで発想の転換が、開発を躍進させるカギとなる。はじめ、我々は、先に樹脂ができる条件をつくり、そこにアミノ糖などを少しずつ取り込ませる処方で製造を進めていた。この処方の手順を入れ替え、アミノ糖を溶液中に分散させてから、樹脂合成条件を作り出したのである。すると、樹脂にアミノ糖を取り込むことが可能となった。これにより、シルクとキチン、キトサン、グルコサミンなどを含んだ、1種のタンパク質包括フェノール樹脂および3種のアミノ糖包括フェノール樹脂が完成し、これらを独自の炭化・賦活方法を用いて活性炭化させた。

　次にこれらの高付加価値活性炭について、岡山理科大学との共同研究によって、抗ウイルス性、および、抗毒素について評価を行った。抗毒素についても評価を行ったのは、かねてより活性炭の高付加価値化の一環として活性炭の抗毒素の研究も行っていたこともあり、新たに開発した高付加価値活性炭についても併せて評価することとしたものである。その結果、キトサン包括フェノール樹脂の抗ウイルス性と、抗毒素効果のいずれもがその他アミノ糖等包括試作品より、極めて高いという結果になった。これを受け、最終的にキトサンを用いた開発を進めていくこととなった。

抗ウイルス性の性能向上のために、フェノール樹脂の合成条件をはじめ、その炭化、賦活化の条件を検討し、抗ウイルス性に好適な活性炭の製造条件を見出した。これらによりキトサン包括フェノール樹脂活性炭は、エンベロープウイルスである新型コロナウイルスや非エンベロープウイルスであるネコカリシウイルスにも短時間で99.999％以上の抗ウイルス性を示した。同時期これについて、特許出願についても迅速に対応した。また、抗毒素作用として、尿毒素の一種であるβ-アミノイソ酪酸やインドールに対し高い吸着性能を持ち、一方有益物質である酵素類は吸着しないという高い選択吸着性を持つことも見出した。

3. ダーウィンの海を乗り切った要因

この高付加価値活性炭は、各産業分野向けの「原材料炭」の位置づけである。満栄工業では、サプライチェーンの上流域における「原料供給者」としてB to B型の事業展開を模索する。戦略的に市場開拓していくためには、市場調査を本格化させる必要があった。そこで、国内外の中小企業から上場・大企業まで豊富な実績があり、幅広い領域での提案が可能な山田コンサルティンググループ株式会社に市場調査を依頼した。その結果、車載向け電子部材、ヘルスケア・抗ウイルス製品、メディカル＆動物（家畜）・サプリメント市場の三つに絞られた。このうち、車載向け電子部材や空気清浄機フィルターなどのヘルスケア・抗ウイルス製品への進出は、特に量産体制を確立するための設備導入が課題とされた。

事業化が本格化していくと、500L炉だけで炭化賦活工程を行うのでは到底製造が間に合わない。炭化は炭化、賦活は賦活で炉を分けることが望ましい。そこで現在、炭化専用炉の導入を進めている。また、研究開発当初は、量産化を見据え中国での生産をメインに考えていた。その設備や体制を整えようと邁進していた矢先、新型コロナウイルスが発生。プロジェクトは暗礁に乗り上げる。しかし、結果的にこの期

間が、経営資源を集中させることとなった。岡山インキュベーションセンターに研究所を借り、樹脂の製造ができるラボを新設。3L ビーカー & 50L 反応釜を使い樹脂が試作できる環境を整えることができた。これが、一気に樹脂研究を飛躍させることに繋がったのである。その後、パンデミックが収束に向かい、海外への渡航が再開された今、中国での量産化に向け、再度体制を整えていくことを検討している。

4. 事業継続（BCP）・発展の鍵

　市場調査のほか顧客開拓については、講師を招き社内でブランディング勉強会を開いた。市場調査であがったターゲット市場からペルソナを想定し、広報活動における効果的なメディア戦略や営業活動で使用する製品チラシの作成、展示会出展に向けての販促備品作成などを行った。この勉強会で作成したチラシや販促備品を活用し、展示会にも精力的に出展参加している。これにより、今まで取引のなかった業界からサンプルワークの依頼が増加し、いよいよ事業が本格化し始めた。今後は、さらに事業継続に向けて、実証研究の推進や顧客アプローチを活発化していきたいと考えている。

　また、抗ウイルス機能に関してはその後も応用研究として、開発樹脂原料ではなく従来の自然素材原料をベースに製造できないか鋭意検討した。その結果、従来のヤシ殻系活性炭にアミノ糖を被膜させ追賦活操作を行うことにより実現可能となった。この試作では新型コロナウイルスとネコカリシウイルス共に、開発品と同程度の抗ウイルス性を示している。これにより、医薬以外にも広く一般的な用途向けに低コストで対応することができるようになると考えている。

　当社は 2021 年に 100 周年を迎えた。その記念事業として公益財団法人 School Aid Japan の協力のもと、カンボジアに学校の建設（寄付）を行った。そして 2022 年、無事に贈呈式を開催することができ、現地を訪問した。現地では井戸水のヒ素含有量が高く飲料に使えないとの声が多くあった。また貧困問題も依然としてあり、豊富にあるココ

ナッツヤシを活性炭化する技術を指導することで貧困をなくし、更にはできた活性炭でヒ素除去や水の浄化を行うことでカンボジア社会に貢献できるのではと考え、国際協力機構（JICA）に申請を行う準備を行っていた。何度か訪問する中で、教育省や農村開発省など政府機関とディスカッションを行う機会があり、その中でカンボジア国内でも経済発展に伴う食生活の欧米化により生活習慣病が社会問題になっているとの話を伺った。そこで、本剤のメディカル用途について話を行ったところ、保健省幹部のご紹介をいただいた。

　日本では、生活習慣病の一つである慢性腎臓病（CKD）の病態の進行制御について、活性炭のニーズは飽和状態となっている。しかし、新興国諸国では、まだまだ問題解決のフェーズに入っているとはいえない。満栄工業では、原料（フェノール樹脂）から製品（活性炭）までを一貫して自社製造の仕組みを構築することとしており、吸着性能のコントロールも開発の一つに位置付けている。今後の開発によって「毒素は吸着するが有益酵素は吸着しない」という選択吸着性のさらなる向上により、わずかな量でも多くの毒素を吸着できれば将来的にCKD患者への投入時、服用負担を減らすことに繋がる。本剤によって、CKDに悩む現地の人々のQOL向上にも貢献できる可能性がある。JICAを通じてカンボジアへ活性炭および活性炭製造技術を導入し、産業と技術確立の基礎をつくり雇用の創出や安全な水の提供、健康へのアプローチを進めていく。

　今後、更なる事業の本格化を目指していく。2022年はベトナムにも出張所を開設、周辺諸国での可能性も検討していく。本研究開発は、当初は既存の社内研究開発体制がない中でスタートしたが、徐々に開発スタッフを増員しながら、外部資金を導入することにより、進捗していった。今後はアミノ糖の構造に起因する包接性が吸着に与える影響等も究明したいと考えている。しかし、トータルでの会社組織および人材がなければ、決して達成できるものではなく、その意味では、典型的な産官学の共同事業であると言える。

最後にご指導ご協力頂いた各方面の方々に本稿をもって御礼申し上げます。

KSF

1. 研究テーマ決定までの経緯
- 樹脂活性炭の可能性の追求。
- 活性炭の常識を覆す発見。

2. 魔の川、死の谷を乗り切った要因
- 発想の転換による樹脂合成処方の確立。
- 産学連携を積極的に展開し化学データを蓄積。

3. ダーウィンの海を乗り切った要因
- 経営層による強力な設備環境の推進・支援。

4. 事業継続（BCP）・発展の鍵
- 国外の薬用炭ニーズについて情報を掴む。
- 国際協力機構（JICA）に申請。カンボジアをはじめ新興国諸国へもアプローチを進める。

関連文献

1. 白井淳資・宮下正光・坂上万里子・巾島健一・高林千幸・町井博明（2008）「ウイルス除去効果を示す天然素材カーボンシルク」『日獣会誌』, 61, 48-54.

家庭防疫用殺虫剤
メトフルトリンの発明
－住友化学株式会社

事例紹介者：森　達哉

　蚊は多くの感染症を媒介するが、特にハマダラカが媒介するマラリアは、アフリカ諸国を中心に大きな脅威であり、最近のデータでは、世界のマラリアの感染者数は年間約2億3,000万人、死者数は子供を中心に約41万人と推計されている。また、近年の地球温暖化、人々の移動のグローバル化などの影響により、熱帯、亜熱帯地域特有の感染症であったマラリア、デング熱などが、熱帯、亜熱帯以外の地域へ拡大することが懸念されている。

　そこで、これら感染症を媒介する蚊の防除には、除虫菊に含まれる天然殺虫成分ピレトリン類の類縁体である合成ピレスロイドが主に使用されてきた。この薬剤は、速効的に蚊を麻痺させるノックダウン活性及び高い殺虫活性を示し、かつ哺乳類に対する高い安全性を有することが大きな特徴であり、当社でも蚊取線香などの加熱蒸散型デバイス用の代表的な薬剤である *d-* アレスリン、プラレトリンを開発、上市してきた（**図1**）。

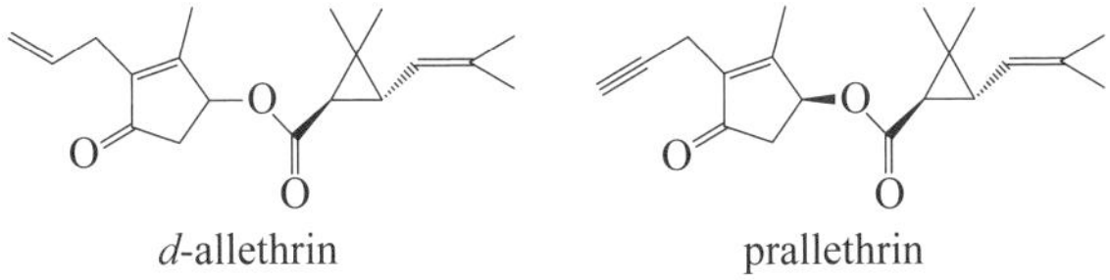

d-allethrin　　　　　　　　prallethrin
【図1】*d-*アレスリン、プラレトリンの構造

　一般に、新規農薬を1剤開発するためには、探索に要する期間を除いて、開発候補を見出してからでも、最速で6年、長いケースでは10年以上かかり、そのため、探索から実用性評価、開発・登録申請、

製造・販売に至るまでに膨大な開発経費がかかる。さらに、苦労の末見出した開発候補が、開発を進める過程で諸事情によりフェードアウトしてしまう可能性もある。そこで、新規家庭防疫薬の開発においても、新規農薬の開発と同様に、魔の川、死の谷を渡る前に、自社の持つアドバンテージを最大限生かして、最短で開発、上市できるスキームを設定するとともに、将来生じると予測される懸念点、問題点を明らかにして、リスクを最小化しておくことが重要である。

1. 研究テーマ決定までの経緯

住友化学では、加熱蒸散型デバイス用のピレスロイド系薬剤として d-アレスリン、プラレトリンを開発、上市してきた。そして、これらの薬剤を担持、放出するデバイスとして、蚊取線香がその簡便性から世界中で使用されてきたが、このデバイスの熱源は線香の燃焼であり、メトフルトリンの探索に着手した当時、市場からは、不適切な使用による火事や火傷のリスク低減、および携帯性の向上を目的とした"熱源を使わない新しいタイプの蚊取デバイス"が望まれていた。そして、これら新しいタイプのデバイスに適用可能な薬剤には、加熱することなく蒸散する常温蒸散性が必要とされたが、既存の加熱蒸散型デバイスに使用されてきた蒸散性が低い薬剤では、その性能が十分に発揮できないことが判明し、新たな薬剤の創製が必要となった。

そこで、蚊に対して既存剤を上回る高いノックダウン活性を有するとともに、新しいデバイスに適用可能な適度な常温蒸散性、哺乳類に対する高い安全性を併せ持つ画期的な新規ピレスロイドの創製を目指し、研究部門と開発部門が一体となって、探索研究をスタートした。

2. 魔の川、死の谷を乗り切った要因

新規ピレスロイドの探索では、並行して進めていた新しい加熱蒸散型蚊防除剤ジメフルトリン、衣料防虫剤プロフルトリンの探索研究を通して蓄積した構造活性相関の情報、合成中間体を活用して、効率的

に誘導体を合成することができた（**図2**）。また、薬剤の常温蒸散活性を簡便に評価できる新たなスクリーニング系を短期間に構築するとともに、有望化合物については、簡易型ファン式デバイスなどを用いて、自社および国内外の顧客において、早い段階から実用効力を確認することができた。さらに、製造ルートの探索では、ジメフルトリンと共通のアルコール成分（4-メトキシメチル-2,3,5,6-テトラフルオロベンジルアルコール）、プロフルトリンとの共通の酸成分（ノル菊酸）が使用でき、エステル化についても、当社で製造している他のピレスロイドの製造技術を活用することにより、経済的な製造ルートを、短期間で確立することができた。さらに、一般に、ピレスロイドは、哺乳動物、環境に対しては安全性が高いことが知られており、メトフルトリンについても、当社で開発した他のピレスロイドの安全性情報も参考に、遅滞なくその高い安全性を確認することができた。

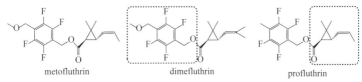

metofluthrin　　　　dimefluthrin　　　　profluthrin

【図2】メトフルトリン、ジメフルトリン、プロフルトリンの構造

3. ダーウィンの海を乗り切った要因

当社のビジネス展開を有利に進めるべく、化合物、混合剤、製造法、施用技術などに関する強力な特許網を構築し、当社事業を保護することができた。

製造面では、当社が製造している他のピレスロイドに使用されている独自の製造原料、中間体、製造法を活用することにより、他社の参入を許さない有利なポジションを確立することができた。

また、国内外の顧客に対して、研究データに裏付けされた本薬剤の優れた効果を積極的にアピールすることにより、多くの顧客に採用頂けることができた。

4. 事業継続（BCP）・発展の鍵

　メトフルトリンが有する（薬剤の蒸散性コントロールが自在に可能
である）適度な常温蒸散性を生かし、既存のデバイスよりはるかに低
温での加熱や小型電池などでファンを回すことにより薬剤を揮散させ
る方法、あるいは全く熱源、動力を使用しないで薬剤を揮散させるよ
うなデバイスを用いた蚊の防除が可能となった。さらに、本剤の高い
安全性、優れた光安定性により、野外用、携帯用の蚊取器など、既存
の薬剤が適用できなかった様々な使用場面、用途への応用展開が可能
となり、本剤の上市により、蚊防除市場のデバイス勢力図を大きく塗
り替えることができた。

　また、薬剤の蚊に対する殺虫効力は、通常、ノックダウン活性を指
標に評価される。しかし、より実用的な使用条件では、空間忌避活性（蚊
が人に近づかない効果）や吸血阻害活性（蚊が人に近づいても吸血し
ない効果）の方が、薬剤の実力をより反映する指標になると考えられ
る。そこで、新たな試験法を確立し、メトフルトリンの吸血阻害活性
が、ノックダウン活性に先立って発現し、その効果は、d-アレスリ
ンの30倍を大きく上回ることを見出した。このような基礎研究によ
り、メトフルトリンの実用場面での優れた効果がデータで裏付けられ、
従来とは異なる新しい防除体系への展開、新たな付加価値を付与する
ことができた。

参考　メトフルトリンの構造と特徴

4-メトキシメチル-2,3,5,6-テトラフルオロベンジルアルコールのノル
菊酸エステル。

　蒸気圧は、1.96mPa（25℃）であり、加熱蒸散型デバイス用の有効

成分 *d*-アレスリン、プラレトリンの約2〜3倍である一方、高蒸散性衣料害虫防除剤エンペントリンの約 1/10 であり、自在にコントロール可能な適度な蒸気圧を有する。

KSF

1. **研究テーマ決定までの経緯**
   - 市場ニーズを的確に把握した。
   - 研究部門と開発部門が一体となって、探索をスタートした。
2. **魔の川、死の谷を乗り切った要因**
   - 並行して開発を進めていた同系統化合物からの情報を探索に活用した。
   - 新たなスクリーニング系、実用効果の確認法を短期間に構築した。
   - これまでのピレスロイド開発で蓄積された情報、自社コア技術を活用した。
3. **ダーウィンの海を乗り切った要因**
   - 強力な特許網を構築し、当社事業を保護することができた。
   - 自社独自の製造原料、技術を活用し、他社の参入を許さない有利なポジションを確立した。
4. **事業継続 (BCP)・発展の鍵**
   - 既存の薬剤が適用できなかった使用場面、用途への応用展開が可能となり、蚊防除市場におけるデバイス勢力図を大きく塗り替えた。
   - 基礎研究の継続により、メトフルトリンの実用場面での優れた効果をデータで裏付け、従来とは異なる新しい防除体系への展開、新たな付加価値の付与に成功した。

受賞歴

1. 平成20年度 日本農薬学会賞 業績賞 (技術)
   家庭用殺虫剤メトフルトリンの開発
   受賞者：氏原一哉、松尾憲忠、森 達哉、庄野美徳、岩崎智則
2. 第58回 日本化学会　化学技術賞 (2009年)
   家庭用殺虫剤メトフルトリンの開発
   受賞者：氏原一哉、松尾憲忠、森 達哉、庄野美徳、岩崎智則

特許

1. 特許第3728967号 　「エステル化合物」
2. 特許第4543517号 　「害虫防除方法」
3. 特許第4796723号 　「害虫防除器およびそれに用いる揮散性物質保持体」
4. 特許第4378929号 　「害虫防除用加熱蒸散体」

関連文献

1. Metofluthrin: A Potent New Synthetic Pyrethroid with High Vapor Activity against Mosquitoes. *Biosci.Biotech.Biochem.*,2004,68,170-174.
   氏原一哉、森 達哉、岩崎智則、菅野雅代、庄野美徳、松尾憲忠
2. 新規ピレスロイド系殺虫剤メトフルトリンの開発、住友化学 2005-Ⅱ,2005.
   松尾憲忠、氏原一哉、庄野美徳、岩崎智則、菅野雅代、吉山寅仙、宇和川賢

**パーオキサイド加硫系
フッ素ゴムの開発**

－ダイキン工業株式会社

事例紹介者：清水 哲男

1. 研究テーマ決定までの経緯

　フッ素ゴムの代表的なものは、1958年にデュポン社が最初に開発したVDF/HFP二元共重合体（Viton-A[*1]）と、翌年上市されたVDF/HFP/TFE三元共重合体（Viton-B）であり、これらが量的に最も多い。フッ化ビニリデン（VDF）共重合体からなるフッ素ゴムは他にも数種あり、ASTM規格では総じてFKMと呼ばれる。一方、量的には少ないが、その後登場したVDFを含まないパーフルオロゴムはFFKMの名で分類される（**図1**）。

フッ化ビニリデン系ゴム（通称FKM）

VDF/HFP共重合体（通称；二元FKM）		
$-(CH_2CF_2)_A/(CF_2CF)_B-$ $\qquad\qquad\qquad CF_3$　（A；50~80, B；20~50%）	ポリアミン加硫 ポリオール加硫 パーオキサイド加硫	

VDF/HFP/TFE共重合体（通称；三元FKM）		
$-(CH_2CF_2)_A/(CF_2CF)_B/(CF_2CF)_C-$ $\qquad\qquad\qquad CF_3$　（A；40~80, B；3~40%, C；3~25%）	ポリアミン加硫 ポリオール加硫 パーオキサイド加硫	

パーフルオロゴム（通称FFKM）

TFE/PEAVE共重合体		
$-(CF_2CF_2)_A/(CF_2CF)_B-$ $\qquad\qquad\qquad OR_F$　（A；80~20, B；20~40%, 　　　　　　　　R_F；パーフルオロアルキル基）	パーオキサイド加硫 その他	

VDF：フッ化ビニリデン　　　　　HFP：ヘキサフルオロプロペン
TFE：テトラフルオロエチレン　　PFAVE：パーフルオロアルキルビニルエーテル

【図1】代表的フッ素ゴムと加硫法

ダイキン工業では国産初のフッ素樹脂の開発が一段落したころ、フッ素ゴムの性能に驚嘆し、1964年からその研究に着手した。数年の開発期間を経て、1970年から1974年に独自技術で国産初のフッ素ゴム（ダイエル*2）を工業化し、二元・三元FKMの販売を始める。国内では、輸入されるVitonが圧倒的な知名度とシェアを誇る時代であり、ダイキン工業は先行するVitonに追いつくことに全力を傾けていた。

　他のゴムと同様、実際にゴムを使う場合、共重合体を架橋（＝加硫）し三次元網目構造をつくる必要がある。Viton、ダイエル共に、初期はポリアミンによる加硫が行われたが、次第にポリオール加硫と呼ばれる加硫法が主流になった。いずれの加硫も、ポリマー分子中のVDF部位の脱HF反応によって二重結合が生成し、これに加硫剤が求核的に反応して架橋する機構である。実際の加硫では、原料の生ゴムに対し、加硫剤のほか、加硫促進剤やHFを中和する受酸剤などを配合する。配合には、各社・各品種で用途に応じた独自なノウハウがある。

　主要フッ素ゴムの工業化が一段落したころ、ダイキン工業では次の研究テーマの探索に集中する時期があった。そのころ、ヨウ素移動重合という新しいラジカル重合法が建元氏によって見出された（1975年）。後に制御ラジカル重合の先駆けとして話題になる手法である。フッ素ゴムの共重合を行う際に、連鎖移動剤としてパーフルオロアルキルジアイオダイド（I-R$_F$-I）を使うことで、分子量分布が非常に狭く、かつ両末端にヨウ素が結合したポリマーが得られる。建元氏はその後、このヨウ素末端フッ素ゴムを利用してブロックコポリマーの合成を行い、世界初の熱可塑性フッ素ゴムを開発する（1982年"ダイエルサーモプラスチック"）。

　一方、1976年、建元氏とは別部署の技術者友田氏が、FKMの低温特性を改善しようとシリコーンゴムとのブレンドを模索していた。幾種かのFKMを試すなかで、あるサンプルを使ったときに、シリコー

ンゴム成分を加硫させようとパーオキサイドを加えたところ、両ゴムが共加硫するかのようなトルク上昇があった。それは、建元氏から譲り受けた、ヨウ素移動重合の実験で得られたヨウ素末端ゴムであった。通常のFKMはパーオキサイド加硫ができないが、友田氏はヨウ素末端フッ素ゴムがパーオキサイドで加硫できると直感する（**図2**）。

【図2】ヨウ素末端フッ素ゴムの合成とパーオキサイド加硫

その後、パーオキサイド加硫フッ素ゴムという、新しい加硫系フッ素ゴムの開発を目指し、友田氏は加硫条件や加硫品の特性など基礎的な知見を固めていく。当時の戦略にないアングラに近い研究であった。

パーオキサイド加硫の特徴は、基本配合が多官能不飽和化合物と有機パーオキサイドだけであり、ポリオール加硫であれば必須の薬剤、特に受酸剤としての金属化合物が不要なことである（**表1**）。また、加硫性に優れ、ポリオール加硫よりも加硫工程が簡素化できる。さらに、加硫品は耐薬品性・耐スチーム性・機械的性質などに優れる。

【表1】ポリオール加硫とパーオキサイド加硫の基本配合

	ポリオール加硫	ヨウ素末端フッ素ゴムの パーオキサイド加硫
加硫剤	芳香族ジオール 例：ビスフェノールAF	多官能不飽和化合物 例：Trially isocyanurate（TAIC）
加硫促進剤	4級アンモニウム塩 4級ホスホニウム塩	有機パーオキサイド
その他 必須配合剤	金属酸化物、 水酸化カルシウム	不要

1980年、独自な新しい加硫系のフッ素ゴムとして、二元と三元のFKMが新品番（G801/G901）で製品化された。シーズから出発したプロダクトアウト的製品であり、市場価値はほとんど未知であった。

ちなみに、ほぼ同時期にデュポンから、主鎖に臭素を導入したパーオキサイド加硫が可能なフッ素ゴムが開発されている。G801/G901と比べると、加硫促進剤として金属化合物が必須であり、相対的に加硫性が劣るという社内評価であった。またマイナーな品種という認識があり、ダイエルで対抗する考えはあまりなかった。当時の社内はポリオール加硫 FKM のフォローや新品種開発、その拡販が優先課題であった。

2. 魔の川、死の谷を乗り切った要因

　当時の FKM は自動車関連が主な用途であったが、新しいパーオキサイド加硫 FKM がすぐに使える用途はなかった。またユニークな特徴が発揮できる他の用途も見当たらず、地道に用途開発するほかなかった。

　用途開発のための活動の一つが「ダイエル技術講演会」であった。1980 年に東京と大阪で開催し、その場で新規パーオキサイド加硫フッ素ゴムが発表された。講演会は社団法人日本ゴム協会との共催行事として、顧客のゴム成形メーカーだけでなく、自動車メーカーによる講演や学術講演をも組み入れた多彩な内容で、数百名の参加者を集め好評を博した。講演会はその後定期的に開催し、新製品の発表の場だけでなく、ダイエル自体の認知度を上げることに大きく貢献した。

　フッ素ゴムの拡販には機動的でこまめな技術サービスの役割が大きい。成形メーカーである顧客や用途ごとに、配合の工夫や適切な加工条件を提供する必要がある。そのための専任部署として応用研究課を設置し、技術サービス機能を強化した。それは技術サービス以外にも、開発中の新しいゴムや改良品を評価して、ポリマー開発陣にフィードバックする役割も担った。また、顧客評価用のサンプルを小回りよく試作し、本格生産前の少量生産・販売にも対応できる試製課を設けるなど、パーオキサイド加硫ゴムに限らず、フッ素ゴム事業全体を支える体制が整えられた。

最初の用途は点滴用薬栓であった。某薬品会社から直接問い合わせがあり、環境懸念物質や金属酸化物などが溶出しないという条件があった。いくつかのフッ素ゴムのうち、パーオキサイド加硫品が合格した。メタルレスが商品価値を有した初めての例である。ただ、この用途は後に、高コストのため安価な汎用ゴムを使う別の方式に替わっている。

　その後、ケミカルポンプや半導体シールなどでも、パーオキサイド加硫FKMがメタルレスであるという理由で重宝された。当時勃興してきた半導体分野で高純度の希フッ酸がエッチング剤として使われ、シール材からの金属溶出が問題になっていたためである。加硫性が良好でスチーム殺菌に耐える特徴が評価され、内視鏡の用途も開発された。

　FKMは耐ガソリン透過性、耐サワーガソリン性に優れることで、当初から自動車燃料ホースの内層に使われていた。しかし、1970年代末のエネルギー危機で、ガソホールで膨潤しにくいFKMが求められた。膨潤を抑えるためにはFKMのフッ素含量を高くする（≒VDF含量を減らす）必要があるが、その場合ポリオール加硫性が損なわれる。そこで高フッ素含量のFKMについてはパーオキサイド加硫法が選ばれることになった。パーオキサイド加硫は主鎖の分子構造に依存しないからである。また、自動車に排ガス再循環（EGR）システムが搭載されはじめると、耐食性の要求が強くなってきた。そのため、キー部品であるバルブステムシールにはパーオキサイド加硫FKMが選ばれるようになった。

　パーオキサイド加硫FKMの用途が広がり、技術の完成度が上がって品種も増えていった。そのうちの一つに、ポリオール加硫品に対する弱点とされる耐熱性や圧縮永久歪みを改良した品種がある。ヨウ素を含む新規モノマーを微量共重合し、末端ヨウ素だけでなく側鎖にもヨウ素を導入して架橋サイトを増やしたタイプである。

　さらに1982年、新しい開発テーマとしてパーフルオロゴム（FFKM）

が取り上げられた。これには、ヨウ素末端パーフルオロゴムを合成すればパーオキサイドで加硫する独自のFFKMが可能という予測と、キーモノマーであるパーフルオロアルキルビニルエーテル（PFAVE）の製造技術が社内で確立されてきたという背景がある。また、半導体製造工程で、さらに耐久性に優れるフッ素ゴムシール材の要望が強まっていた時期でもあった。当時既にデュポンのパーフルオロゴム成形品が市場に流通していたが、デュポン品と全く異なる分子設計と加硫法を基にした開発であり、ヨウ素末端FKM技術のFFKMへの延長という意味ではシーズ的といえる。

　最初の製品は、1984年のダイエル技術講演会でダイエルパーフロの名で発表された。しかし実販は2年後で、この間、開発担当者は想定以上の製造技術的困難を抱え苦闘していた。

　パーオキサイド加硫系ゴムの製造では、ヨウ素移動重合でヨウ素末端フッ素ゴムを合成する。その際、I-R_F-Iを仕込み、開始剤の量は少ない。そのため他品種に比べ重合速度が極度に遅く生産性が劣る。また、乳化重合ラテックスの分散安定性が悪く、凝集物が生成しやすく低収率になることが多い。加えて、パーフルオロゴムの場合は、TFE/PFAVEの共重合中に、ラジカル活性末端の"β開裂"でフッ化カルボニル基末端が生成し、加硫に必要なヨウ素末端数が減少することがある。また、ポリマー組成中のPFAVE含量を確保するための重合条件を見出すことや、重合後のポリマー分離や精製も一筋縄でいかなかった。これら困難は大小のブレークスルーと多数のノウハウを蓄積しながら克服されたが、間違いなく魔の川・死の谷を乗り越える大きな要因であった。

3. ダーウィンの海を乗り切った要因

　ダイエルパーフロを発表したとき、テーマ開始の時点よりもさらに高性能シール材の要望が強くなっていて、多数のゴム成形メーカーが関心を示した。関心を寄せた成形メーカーの一つに、米国マーケティ

ングで出会った某中堅成形メーカーがあった。当該メーカーとサンプルのやり取りが数回行われたあと、国内販売の翌年に、早くもダイエルパーフロを使ったシールが製品化された。まもなくこのシールは、当時最大の半導体メーカーから高い評価を受け、この成形メーカーの主力製品となる。1994 年同社は、米国初の半導体シール製造用のクリーンルーム工場を建設するまでになる。

　ダイエルパーフロを販売し始めた 1980 年代後半は、絶妙のタイミングであった。半導体製造の前工程がウエットからドライエッチングへ移ろうとしていた。ドライプロセスではパーフルオロゴムシールが重要部材である。半導体製造装置の真空シールに使うゴム材料が汚染源の一つと考えられていて、ダイエルパーフロのピュアな成形品がこの用途に適していた。

　実力ある米国成形メーカーに採用され、いち早く先端用途で実用化されたことは幸いであった。それは日系商社との共同マーケティングの成果ともいえる。ダイキンの化学事業部は 1970 年代末から、欧米にフッ素樹脂の輸出を拡大させ、マーケティング・販売を通じて日系商社と緊密な関係にあった。

　半導体需要が増大するに伴い、ダイエルパーフロは供給能力の向上を図り、ニーズの変化に対応する品種改良を続けてきた。今日では半導体シール分野で最大のシェアを占めている。自動車用途が多いダイエル全体の中で、ダイエルパーフロは半導体分野が中心で量的には少ないが、他品種に比べて高収益な商品であり、ダイエル事業だけでなく化学事業全体を支える柱になっている。

　1990 年代以降、パーオキサイド加硫技術は一層洗練され、FFKM だけでなく FKM の製品開発も拡大している。耐寒性を改良した品種（1993 年）、高温強度に優れる新しい FKM コンパウンド（2010 年）、新しいコモノマーを使って耐塩基性を大きく向上させた新品種（ダイエル GBR）（2014 年）などがある。いずれもポリオール加硫では実現できず、パーオキサイド加硫法を前提に製品設計された品種である。

4. 事業継続（BCP）・発展の鍵

FKM と FFKM を併せ、ヨウ素を使ったパーオキサイド加硫系フッ素ゴムは、ゴム事業の中で大きな割合を占めるようになった。同業他社のパーオキサイド加硫フッ素ゴムでも、今日ほとんどがヨウ素系で実施され、加硫法自体は汎用化している。

今後の発展の鍵はやはり、変化の激しい自動車・半導体・エネルギーなど有力分野での"用途展開"である。ヨウ素末端を利用したパーオキサイド加硫技術はそれを支える基盤技術であり続けると思われる。

シーズ発の製品は独自性が高いが、事業に結び付き発展するのは容易でない。本開発ではシーズの可能性を信じた建元氏や友田氏の情熱や努力に負うところ大であるが、研究開発部門の組織体制や、部門長・幹部の理解とリーダーシップがそれを後押しすることで成果に結び付いた。シーズのナレッジマネジメントとしても示唆的である。

なお、筆者は本開発の直接の当事者でないため、執筆にあたって多数の方々にヒアリングを行った。とりわけ、開発のほとんどの場面で技術リーダーとして活躍された岡正彦氏から多くのご教示をいただいた。ご協力いただいた方々にここに深く感謝の意を表したい。

*1：「Viton」はデュポン社の登録商標または商標。
*2：「ダイエル」はダイキン工業株式会社の登録商標または商標。

KSF

1. 研究テーマ決定までの経緯
- ● ヨウ素末端フッ素ゴムのパーオキサイド加硫性の発見
- ● プロダクトアウト的製品化

2. 魔の川、死の谷を乗り切った要因
- ● 用途開発と技術サービス・試製体制の構築
- ● パーオキサイド加硫性を生かした新品種展開
- ● 製造技術の確立

3. ダーウィンの海を乗り切った要因
- ● 実力ある顧客との出会い、および新需要との遭遇

4. 事業継続（BCP）・発展の鍵
- ● 有力分野での新たな用途展開

受賞歴

1. 1987年　高分子学会賞
2. 1992年　全国発明表彰特許庁長官賞

関連文献

1. M.Oka, M.Tatemoto, "Contemporary Topics in Polymer Science", W. J. Bailey and T. Tsuruta, Eds., Plenum, New York （1984）, p.763.
2. 建元正祥、高分子論文集、49, 10, 765 （1992）
3. 特許1585063

事例30 アクリル系エラストマー「クラリティ」の開発

－株式会社クラレ

事例紹介者：古宮 行淳

　本事例では、クラレが世界で初めて開発に成功した、クラレオンリーワン素材である全アクリル系ブロック共重合体である熱可塑性エラストマー＜クラリティ＞を紹介する。（**図1**）。

$$(-CH_2-\overset{\overset{\displaystyle CH_3}{|}}{\underset{\underset{\displaystyle OCH_3}{|}}{\overset{|}{\underset{|}{C}}}}-)_n-b-(-CH_2-\overset{\overset{\displaystyle H}{|}}{\underset{\underset{\displaystyle OC_4H_9}{|}}{\overset{|}{\underset{|}{C}}}}-)_m-b-(-CH_2-\overset{\overset{\displaystyle CH_3}{|}}{\underset{\underset{\displaystyle OCH_3}{|}}{\overset{|}{\underset{|}{C}}}}-)_n-$$

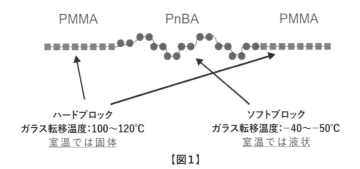

ハードブロック
ガラス転移温度：100〜120℃
室温では固体

ソフトブロック
ガラス転移温度：−40〜−50℃
室温では液状

【図1】

　＜クラリティ＞は、クラレが独自に開発した新規リビングアニオン重合技術を使って合成できるアクリル系ブロック共重合体である。ハードブロックにメチルメタクリレート（A）を、ソフトブロックに多様なアクリレート（B）を用いたA-B-AもしくはA-Bタイプのブロック構造を有する。通常、（メタ）アクリレート系のリビングアニ

オン重合は極低温での重合が必要だが、本系ではモノマーとしてアクリレート系を用いているにも関わらず、画期的な触媒を見出したことにより、極低温ではなく、設備的に制御が比較的容易な温度で反応ができるようになり、工業化が可能になった。

当社が有する水素添加スチレン-ジエン系のエラストマー＜セプトン＞と同等の力学的性能を有するが、組成がアクリル系であるという特長を活かし、耐候性に優れ、透明性も高くなっている。透明なエラストマーとして単体でも使われるが（例えば、スマートフォンホケースとしても使われている）、透明感を生かして、粘着材としても使われている。

アクリル系ブロック共重合体：Methyl-methacrylate（MMA）-Acrylate–Methyl-methacrylate

主な用途は以下の通り。

粘着剤：保護フィルム用粘着剤、スプレー粘着剤、各種テープ用粘着剤、ラベル用粘着剤

成形部材：自動車内装用照明部材、導光棒用部材、照明・イルミネーション部材、スマートフォンケースなどの雑貨部品、自動車内装用部品、粘着剤、接着剤、インク、塗料、高極性樹脂（PMMA、PLA、ABS、PVC、PVDF、POM 等）の各種改質剤・添加剤

1. 研究テーマ決定までの経緯

クラレは、メタクリル酸系エステルモノマーや PMMA 系ポリマーの事業や、ジエン系のブロック共重合体である熱可塑性エラストマー事業を既に展開していたが、それらの事業拡大の一環としてこのアクリル系ブロック共重合体の開発に着手したわけでなかった。コーポレート研究の一環として、基盤技術としての重合技術を見直す中で見つかったテーマだった。

クラレはその製品のほとんどが、高分子化合物であり、その大半がモノマーから製造しており、重合技術はまさに基盤技術となっている。

コーポレート研究として、クラレの重合技術を強化し、深耕する中で新しい研究開発ネタを見出すという目的で、研究が始められた。進め方は、大学などの研究機関への留学や共同研究を軸とするという基本方針で、関係のある重合技術を選別し、さらに、内外の大学・研究機関での先端の研究を調査して、いくつかの共同研究先を選んだ。

その一つが広島大学の安田源先生が見つけられたランタニド系の金属触媒による（メタ）アクリル系モノマーの配位重合。工業的に用いられているラジカル重合と異なり、この重合系では、立体規則的な（メタ）アクリレートポリマーやブロックポリマーが得られる。ただ、そのままの技術での工業化はコスト的にとても採算が合わず、クラレの技術力の底上げを目的とした国内留学としていた。

その留学先の広島大学の研究室で、リビング重合によるMMA－ブチルアクリレート－MMAの3元の共重合体が得られたことを、派遣していた研究者が耳にした。彼は、その共重合体は、世界で初めてのものであったことに加え、当社が既に保有しているスチレン－ジエン系のエラストマーにはない性能を潜在的に有することを直感し、その系に大いに興味を持ったのだった。

最初に見たトリブロックコポリマーはエラストマーというにはほど遠いものであったが、新しい可能性と当社事業を補完するという潜在的な能力に鑑み、クラレに新設されたつくば研究所の基礎研究テーマに採用することになった。

既存事業およびその周辺の技術情報が幸いにも共有されていたことが、新規テーマを生み出す土壌であったことは間違いがない。ただ、研究者が、周辺の技術などに関してアンテナを張り、関連するニュースを感度よくキャッチするというのは、企業研究者が持っておきたい資質の一つである。これらが、どこよりも早く、当社が研究に着手できた理由の一つであることはいうまでもない。

2. 魔の川、死の谷を乗り切った要因

　このアクリル系のブロックポリマーは、大学での発見・発明から、クラレ社内での初期の工業化研究、新しい工業化可能な重合系の発見、ベンチスケールでの開発と顧客候補へのサンプリングを経て、プラントの設置・事業化と段階を進めていった。事業化するにあたって、この製品は＜クラリティ＞と商標がつけられた。

　この段階を越えた要因として、①技術開発の成功、②適宜なスケールアップ、③開発初期からの継続的なニーズ探索（ここではマーケティングと称する）活動の3点を挙げたい。

　①アクリル系ブロックポリマーを得るために必要な当初の重合触媒（配位重合系）であるランタニド触媒は、非常に高価でかつ原単位も大きい。触媒系の低コスト化にめどを得ることが、今後の事業化、というより当面の開発の継続には必須だった。社内でも検討を重ねると同時に、その可能性を国内外の研究機関に打診したものの、有望な反応が得られず、結局開発を断念せざるを得なかった。

　そこで、方向を転換し、潜在的に低コスト化の可能性を有するアニオン重合で臨むことにし、改めて基礎検討を開始した。苦労の末幸いなことに、研究員の頑張りで、その可能性を見出すに至った。これ自体が初めての発見ではあったが、まだ重合温度が極低温で、コスト的に事業化には不十分だった。

　さらに、大阪大学やドイツの大学の研究者にも教えを請いつつ、技術開発を継続した。そして、重合系を冷却する必要はあるものの、十分工業化しうる重合温度での合成技術を獲得するに至った。これらの研究は、当時クラレで新設されたつくば研究所で実施されたが、継続することができる研究環境（オープンイノベーションや基礎検討を重視する組織風土など）が当時あったことが挙げられよう。そして、研究員がただただがむしゃらに良いものを探すということではなく、常に基礎に立ち返って、先端の学術的研究をよくフォローするという研

究員のこの姿勢も成功要因の一つであると考えている。

　②既存のベンチ試験機を改造して、中量の試作試験機を作成し、使いこなせたことが、次の成功要因である。別のコーポレート研究開発テーマとして、極低温でのカチオンリビング重合の可能性を図っていた際、応用の利くベンチ装置の設置（設備投資）を行っていた。その本命としていた開発品（カチオンリビング重合で得られる共重合体）は結局死の海を渡ることができなかったが、別の開発品（クラリティ）で日の目を見たことになる。

　①と②の背景にあるのは、このテーマが基幹事業・基盤技術の周辺からのテーマだったことである。本事例紹介の第1項で、本製品は最初から、このものの開発を狙って開始したものではなく、周辺にあった技術情報を研究員がキャッチし、我がところに繋げたことから生まれたものであることを書いた。とはいえ、この開発が、現行事業の周辺から拡げていくという開発のスタイルをとっていたことが結果的にこの段階での成功要因になっていたことは間違いがないと、事例紹介者は考えている。これは、日東電工㈱が提唱している有名な三新主義とほぼ同じ概念でもある。ジムコリンズのビジョナリーカンパニーⅡでは、成功の要因は、それが世界一であるかどうかが大事であるとされているが、"強いところからのスタート"は化学企業の開発の一つ

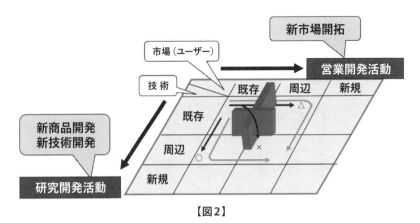

【図2】

の大事なセオリーと考えてもよいのかもしれない。

　③マーケティングは、元来商品企画から研究開発や販売促進活動まで幅広く含む活動をいうが、ここではニーズ探索活動として話を進めたい。化学産業のマーケティング活動は、製品があらかた形になってから行うスタイルが一般的である。これも確かに一つの方法だが、製品がある程度固まった段階では、ニーズと微妙に違っていれば、柔軟に対応できないことがよくある。例えば、大幅に仕様が変わって、条件が変わり、それに伴ってパイロットやプラントを作り直すことが必要になったりすることもある。場合によっては、結局撤退に至ることもある。たとえうまく行っても、大変時間と労力を要する。その時間と投資に堪えたものだけしか生き残れない。

　このクラリティの開発では、研究のごく初期の段階から、つまりモノもない段階からマーケットの反応を探って、開発や製品に反映させるやり方をとっていた。私たちはそれを"ニーズとシーズのキャッチボール"と称していた。クラリティは、開発のごく初期の段階では、透明で美麗なエラストマーが単体で使用されることが期待されていたが、キャッチボールを重ねるうちに、単体で使わるよりも、粘着材用途などで混合物として使われることの方がどうも多そうだ、マーケットがありそうだと認識するようになった。そうすると分子仕様がかなり異なっており、製造設備の仕様も大きく変わってくる。ベンチ・パイロット段階を経て、プラントでの製品では適切なニーズにあったものが作れる態勢が整えられていたこと、さらにマーケット探しもある程度理解できていたことも、成功要因として挙げられよう。

3. ダーウィンの海を乗り切った要因

　この段階の成功の要因としては、①早い段階での5,000トン規模のコマーシャルプラントの設置、②コーポレートからの事業部への開発主体移管、を挙げたい。

　①社内ベンチ機と社外での中量試作で顧客開拓を行ってきて手ごた

えもつかめるようになったとき、化学企業では次のスケールアップは
どうあるべきかということが常に議論になる。"クラリティ"開発で
もそれは同様である。もう少し手ごたえを確実なものにしてからよう
やく〜1,000トンクラスのセミプラントというのが最も実例の多い流
れだと思われるが、クラリティでは、5,000トン規模のコマーシャル
プラント設置が決断された。失敗の可能性もある中でのこの決断がこ
の事業の成功要因の一つである。

　②これにともなって開発の主体がコーポレートから事業部に移管さ
れた。これは大変良い判断だった。

　ボストンコンサルティングのポートフォリオマネジメントでは、本
開発課題はまさに"問題児"の領域であり、"金の成る木"で得られ
たキャッシュを、問題児事業に費やすことが大事だとされている。
ましてや化学企業では一般に、こういった事業の開発ではなかなか黒
字にはならないものである。問題児であり続けることに経営者は我慢
しきれなくなる。そこで、重要なのは、最新の経営学で最も有力視さ
れている「両利きの経営」。片方で利益を生む既存事業を動かし、他
方でお金と時間がかかる開発を行い、それらを一体の事業として運営
するスタイルである。このクラリティの開発では、図らずもこれが実
践できることになった。

4. 事業継続（BCP）・発展の鍵

　このアクリル系エラストマーの事業が継続され発展していくために
必要なことは、月並みだが、現状の用途での量の拡大を目指して、顧
客と共にさらなる川下の顧客へのマーケティング活動を地道に粘り強
く継続していくことであろう。素材メーカーの顧客開拓・用途開拓は
およそ時間がかかる。それと同時に、新しい用途や顧客を開拓するこ
とも重要である。

　ただ、素材メーカーの拡大戦略として何よりも大事なことは、逆説
的だが、大きな成長でなくともわずかな成長でも、事業を継続してい

くことである。継続することによって、思いもよらなかった用途が出現することが、これまでの化学企業の歴史で数多く見されてきた。第3項で示した「両利きの経営」が引き続き求められよう。

それと共に、事業を継続することにより、それらを支える基盤技術も保持することになる。基盤技術を保持することが次の新製品を生み出す原動力になる。"金の成る木"からの"問題児"への資金移動は、技術経営上重要なマネジメント手法だが、"金の成る木"にはたくさんの新しい研究開発テーマの種も埋もれていることを意味している。

KSF

1. 研究テーマ決定までの経緯
- 自社基盤技術強化に対する不断の努力
- 外部研究機関との共同研究 (含研究者の留学) と外部知識の積極的な導入
- 既存事業周辺の潜在的ニーズの把握と社内共有
- 研究開発者の資質 (研究企画時は、好奇心・感受性・・・)

2. 魔の川、死の谷を乗り切った要因
- 重合技術開発の成功 (重合温度を高温化しうる開始剤 (触媒) 系の開発に成功)
- 研究開発者の資質 (この段階では、基礎を踏まえた論理的な思考と試行の不断の繰り返し)
- 適宜なベンチ試作機の設置
- 研究初期からのマーケティング活動 (ニーズ探索) による初期想定ニーズからの修正

3. ダーウィンの海を乗り切った要因
- コーポレートからの事業部への開発主体・事業遂行責任の移管 − 両利きの経営の実践
- 商業プラントの早期設置判断と順調な稼働

4. 事業継続 (BCP) ・発展の鍵
- 粘り強いマーケティング活動 (顧客開拓・拡大)
- 両利きの経営の継続
- 製品を支える基盤技術の継続的な補強とさらなる強化

関連文献

1. 小野友裕、日本接着学会誌、2016年、52巻11号、p342-347「アクリル系熱可塑性エラストマー"クラリティ"」
2. 森下義弘、日本ゴム協会誌、2013年、86巻10号、p321-326「アクリル系熱可塑性エラストマーの応用展開」
3. 奥村直、プラスチックスエージ（Plastics Age）、2022年、68巻7号、p27-31「熱可塑性エラストマーの開発と応用　アクリル系エラストマー「クラリティ」のグレード開発と応用展開」

事例31 マイクロ波技術プラットフォームの事業化

－マイクロ波化学株式会社

事例紹介者：吉野　巌

1. 研究テーマ決定までの経緯

　世界的な脱炭素化への動きは不可逆的であり、環境対応型プロセスや素材へのニーズは高まっている。脱炭素化を実現する手段として輸送分野において電気自動車の導入が加速しているように、モノづくり・化学においても電化の流れは不可避であり、その中でもマイクロ波化学プロセス[※1]への注目が高まっている。

　マイクロ波化学株式会社は、2007年に創業し、電子レンジに使われているマイクロ波をエネルギーの伝達手段として活用し、医薬品から燃料まで適用可能な「技術プラットフォーム」をソリューションとして提供している。

　創業当初は、原油価格の値上がりからバイオディーゼル（BDF）やバイオエタノール（BEF）などのバイオ燃料が注目される状況で、食用の植物油を原料とすることが深刻な食糧不足に繋がりかねないという懸念があった。この課題を解決するために廃棄されている油を低コストで燃料化すべく、従来は二段階で反応させていた遊離脂肪酸を多量に含む廃油を、マイクロ波とこれを選択的に吸収する固体酸触媒を用いて一段階で反応させることでBDFを製造するプロセスの開発を目指した[※2]。さらに、オンサイトで処理が可能な小型分散型装置を提供することを計画した（**図1**）。

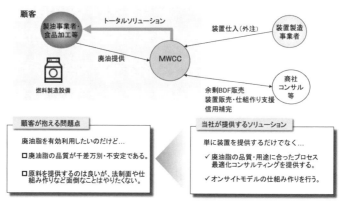

【図1】初期事業モデル

2. 魔の川、死の谷を乗り切った要因

　スタートアップにおいて、魔の川・死の谷を乗り切ることは、Product Market Fit（PMF）を実現することと同義である。PMFとは「顧客が満足する製品を、適切な市場で提供できている状態」のことである。これまでに無い新しい製品やサービスを提供するスタートアップの場合、PMF実現には「あれば良い（good to have）」ではなく、「何らかの課題を解決するために必要（must have）」な状態を創り出す必要があり、何回も仮説検証を繰り返す。

　化学産業をはじめとするディープテック分野は、製品化までに時間とお金がかかるために、ITやサービス分野と比較してスタートアップには向いていないといわれている。これは、仮説検証を繰り返す中で、PMFを達成する前に、資金がショートして会社が力尽きてしまうことが多いからである。

　当社は、創業16年目にしてPMFを実現し成長ステージに入りつつあるが、本章では、このために克服した《スケールアップの壁》《実績の壁》《事業モデルの壁》という三つの「壁」と、これを実現するために行った《資金調達とリソースマネジメント》について示したい。

《スケールアップの壁》

「マイクロ波は面白い技術だけどスケールアップできない」

　化学業界においては、1980年代よりマイクロ波を用いた有用な実験結果が、論文として多数報告されていた。しかしながら、「波」であるが故に制御が難しく、産業レベルにスケールアップをすることが不可能と言われていた。当社は、物理学者・化学者・エンジニアから分野横断の開発チームを組成、何にマイクロ波を当てるかという「反応系のデザイン」と、どのようにして当てるかという「反応器のデザイン」にフォーカスをし、スーパーコンピュータを駆使したシミュレーション技術、およびマイクロ波の吸収能測定技術を開発し、測定結果のデータベースを構築した。また、2007年の創業以来トライアルアンドエラーで毎年のように反応器を製作し、仮説検証を繰り返すことで、スケールアップに成功した。

　最終的にはこのプロセスが、当社の技術プラットフォームを構成するデータベース、デザイン力および要素技術群の基礎となった（**図2**）。

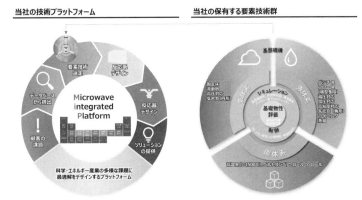

顧客の課題に対して仮説を**データベース**から抽出した後、**要素技術群**より使用技術を選定し、**反応系のデザイン**、及び**反応器のデザイン**を行い、最終的にソリューションを提供。

【図2】マイクロ波化学　技術プラットフォーム

《実績の壁》

「実績が無い技術は導入できない」

新しい技術の導入に実績が必要なのはモノづくりに限った話では

なく、IT でも同様である。しかしながら、化学産業のような何百億、何千億円をかけてプラントを建設し、何かあると人命にかかわるような世界では、どんなに良い技術だとしても、実績無しには導入してもらえない。

　実績を作るために、最初はほとんどタダ同然で技術を提供し、いろいろなメーカーに共同での事業化を頼みに行ったりしたが難しかった。最終的には自社でやるしかないと決断し、スタートアップがそこまでやるのは正気の沙汰ではないと投資家などから反対されたが、ついに世界初のマイクロ波を用いた大規模工場を 2014 年に立ち上げ、新聞用カラーインキの原料であるブチルエステルを製造出荷した。さらに生産実績に加えて、消防法を始めとした法令に対応し、安全・安心・安定に生産できることを示した。また、その結果として、サイエンティストを中心とした研究開発型の企業であったものが、エンジニアや生産技術者が加わり、生産に必要な技術や文化を身につけることができた。

　多くの研究開発型スタートアップは、実績を示すために大企業との連携を指向するが、現状、実績の無い技術を導入する大企業は皆無と言ってよい。当社の場合も最終的に自社工場を建設し製造販売したが、研究からスタートした会社が安定を重要視するエンジニアリング・製造のケイパビリティを持つことはスキル的にも文化的にも簡単なことではない。そのためには、立上げ当初から、サイエンスベースとは全く異なる組織を意識することが重要である。

《事業モデルの壁》
「モノづくりは簡単にスケールできない」
　創業当初は、前述の通りにマイクロ波を使って、廃油から BDF を作りオンサイトで小型分散処理をする事業を考えていた。しかしながら、顧客の導入ハードルが高く、事業としてもスケールしないと判断し、自社でバイオディーゼルを集中生産する事業へピボットした。ピ

ボットとはスタートアップ業界においてよく使われる言葉であり、事業の方向転換や路線変更のことを言う。

　２〜３年は同事業を推進していたが、BDF市場が立ち上がる気配がなかった。ある時、東洋インキから当社のマイクロ波技術を使ったインキ助剤に興味があるという声がかかり、これをきっかけに燃料から化学品の製造販売事業へとピボットすることになった。

　しかしながら、単独の製造販売で事業を継続的に成長させていくことは資金力、販売力という観点で難しかったため、提携先と合弁事業を立ち上げるという事業モデルにシフトをした。さらに、よりスピード感を持って成長するために、スケールアップする過程で得ることができた技術プラットフォームを、ソリューションとして顧客へ提供する事業にピボットをした。

　具体的には、顧客企業から共同開発費やマイルストンペイメントを受けて当社がマイクロ波を活用した研究開発を行い、事業化されたときには、その対価として技術ライセンス費用を収受するというビジネスモデルである（**図3**）。

【図3】事業モデル

　なお、現在は、当社単独の製造販売事業からは撤退している。

《資金調達とリソースマネジメント》

当社の場合、最終的にPMFを実現するまでに10年以上かかったわけであるが、この間に資金ショートしないためのリソースのマネジメントが重要である。ITの場合、必要最小限な顧客のニーズを満たす不完全な製品を投入して高速で仮説検証を実施するリーン開発という手法を取ることも可能であるが、モノづくりの場合、法令や安全面等を満たす必要があり、最終的に顧客評価ができるような製品・サービスを完成するためには、多額の資金とリソースを継続的に投入する必要がある。

さらに、研究開発からエンジニアリング・製造へと組織を作り替える必要も出てくる。このために、長期かつ慎重な資本政策（当社の場合、2011年から開始をして7回に渡って資金調達を実施）、エクイティだけにたよらないデットや助成金の活用、あるいは資本業務提携、さらには、数回のピボットを見越した収益ソースの確保等が必要となってくるであろう（**表1**）。

【表1】資金調達・リソースマネジメント（当社のケース）

年度	イベント	スケール(※1)	事業モデル	資金調達 VC調達(※2)	助成金(※3)	借入・他
2007	創業	ラボ	分散型BDF		NEDO	
2008		ベンチ				
2009					新技術開発財団	
2010			集中型BDF		経産省	日本公庫
2011	神戸工場立上	パイロット		シリーズA		
2012			化成品製造販売事業		経産省/NEDO	
2013				シリーズB	大阪府	
2014	化成品プラント完成・出荷開始	実機		シリーズC		日本公庫
2015				シリーズD		
2016			合弁事業		NEDO/JAXA	
2017	ショ糖エステル合弁工場完工			シリーズE/F		資本業務提携
2018			ソリューション提供		経産省	
2019	ペプチド向け実機納入			シリーズG		
2020					NEDO	商工中金
2021						
2022	株式上場（東証グロース市場）					

※1 液相系の反応器
※2 ベンチャーキャピタルからの資金調達
※3 主だった助成金を記載

3. ダーウィンの海を乗り切った要因

　当社は、2024年現在、まだ、ダーウィンの海を乗り切ったとは考えていないが、競争優位なポジションを構築することはできている。マイクロ波プロセスという事業分野で競合相手を見たときに、①特定分野や製品（例：ポリスチレンの分解）においてプロセスを提供している企業、②装置（例：マイクロ波乾燥装置）を提供している企業、③自社内で開発をしている化学メーカーの3タイプがある。しかしながら、当社のように技術プラットフォームを医薬品から燃料までの幅広い分野で、かつ、サイエンスからエンジニアリングまで深いソリューションを提供できている企業はない（**図4**）。

ソリューション提供が、技術プラットフォームの強化につながる**好循環**な事業モデル。
技術プラットフォーム強化は**ステージアップ向上**、これを支える要素技術の充実は**対象事業領域**の**広がり**に貢献。

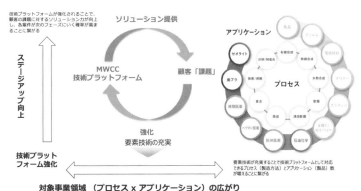

【図4】好循環な事業モデル

　また、当社の事業モデルには一つ重要なポイントがある。顧客と開発した成果を、ある程度自由に使えるようにしているということである。大企業から見ると、「開発費を払ったものは受託開発なのだから、成果は全部自分のものにする」というのがこれまでの例には多い。これだと、下請的な開発となるため、イノベーションは根付かないし事業のスケールもできない。当社はプロセス・装置を中心にある程度の

自由度を確保することを前提に契約をしている。また、顧客が当該知財を事業化しない場合については、当社が制約なく使えることを条件としている。この結果、顧客の課題を解決すればするほど当社にノウハウ・知財がたまり、技術プラットフォームが強化される好循環の事業モデルとなっている。知財については国内外併せて140報を超える特許が登録されている（**図5**）。

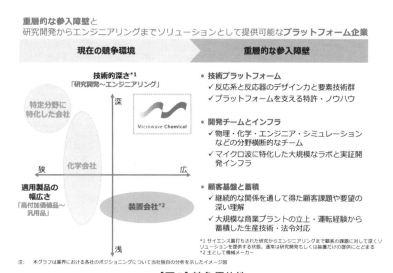

【図5】競争優位性

当社にバックグランド知財がたまり、プラットフォームも強化されることで、顧客から見ても、自社で開発をするよりも安価かつ高品質なマイクロ波のソリューションを入手できるというメリットがある。

当社の競争優位性は、単に図5に示すようなポジショニングを取っているということだけではなく、これを可能とする重層的なケイパビリティを有することにもある。すなわち、物理学者・化学者・エンジニアからなる開発チーム、当社が実験装置も含めて独自に構築をしたインフラ、そして、技術プラットフォームを強化することが可能な独自の事業モデル等である。これが、今後、ダーウィンの海を乗り切るときに、鍵になると考えている。

4. 事業継続（BCP）・発展の鍵

　事業継続のためには、現状に安住するのではなく、継続的に仮説検証を繰り返して、ベストな技術・サービスへと変化をしていくことが最も重要であると考える。

　また、当社のような技術プラットフォームを提供する会社はどうしても労働集約的になりがちである。しかし、今後は過度にカスタマイズをするのではなく、市場の課題を解決することを目標に技術を標準化することで、事業をスケールすることを重視していく。現在は、ケミカルリサイクル（マイクロ波分解技術）、凍結乾燥技術や鉱山プロセス開発など、複数の技術分野で標準化に取り組んでいるところである。

※1　マイクロ波化学プロセスは、電子レンジにも用いられているマイクロ波を活用した化学合成およびモノづくりのプロセスである。マイクロ波とは、波長約 1 mm ～ 1 m（300MHz ～ 300GHz）の電界と磁界が直交した電磁波であり、特徴の一つが、特定の物質に選択的にエネルギーを伝達できることである。化学産業においては 100 年以上に渡り、伝熱による熱の移動が基本となっており、熱を「外部から間接かつ全体的」に伝えている。これに対して、マイクロ波化学プロセスは、マイクロ波を用いて「内部から直接かつターゲットした物質」に伝えている。これにより、従来法と比較して、省エネ・高効率・コンパクトなプロセスを構築することができるため、環境対応型の技術として注目を集めている。また、選択 - 急速加熱、内部均一加熱、非平衡局所加熱などの特殊加熱モードを活かして、従来法では製造できない物質をターゲットとした新素材開発にも活用されはじめている。

※2　Tsukahara, Y.; Higashi, A.; Yamauchi, T.; Nakamura, T.; Yasuda, M.; Baba, A.; Wada, Y. In Situ Observation of

Nonequilibrium Local Heating as an Origin of Special Effect of Microwave on Chemistry. J. Phys. Chem. C 2010, 114, 8965.

KSF

1. 研究テーマ決定までの経緯
- エネルギー・食糧問題解決へのチャレンジ

2. 魔の川、死の谷を乗り切った要因
- スピード感をもった仮説検証、および、ピボットの実施。
- PMFを実現するための資金調達・リソースマネジメント

3. ダーウィンの海を乗り切った要因
- 現状、まだ乗り切ったとは言えないが、競争優位性のあるポジションを築くことで優位に事業を進めてはいる。これは単一の技術障壁等により構築されるモノでは無く、技術・チーム／インフラ・事業モデル等を複合的に組み合わせることで実現できる。

4. 事業継続（BCP）・発展の鍵
- ベストな技術・サービスおよび事業を求めて、現在のポジションに安住せず、継続的に変化をしていくこと。
- 事業をスケールさせるためには、技術プラットフォームの過度なカスタマイズを避けて標準化を推進していくこと。

事例32 硬化性樹脂による ウェハーレンズの開発

－株式会社ダイセル

事例紹介者：西川 和良

1. 研究テーマ決定までの経緯

　当社では自社技術を活用した機能性樹脂など様々な材料を製造しているが、2000年代に新たに機能化学品事業構想の機運が高まり光源材料開発や機能化学品事業創出活動を開始した。このような状況下、我々は顧客要求に基づくテーマの発掘と実践を目指し、脂環式エポキシ化合物がもつ耐熱性や透明性の特長が発揮できる光学部品分野に注目し事業化を目指した。近年ではカメラ付き携帯電話の普及に始まり、スマートフォンや車載、医療、ヘルスケア等の各種分野で様々な光学部品を使用しており、製品の多様化に伴って高い設計自由度もつプラスチックレンズが急速に普及した。従来、プラスチックレンズは熱可塑性樹脂を加熱して液状にしたのち、低温の金型へ高圧で注入し成形品を得る射出成形で製造されている。製品の多様化に伴ってプラスチックレンズの適用製品が広がり、レンズの小型化、薄型化、形状の複雑化、さらに耐熱性向上への要求が増加している。また、耐熱性に関しては、レンズの信頼性向上だけでなく実装工程においてリフロープロセスが活用でき、工程の簡略化によるコストメリットが見込めるため、耐熱性をもつ樹脂レンズ開発への期待が大きい。しかし、熱可塑性樹脂を用いた射出成形によるレンズ加工は、樹脂の耐熱性や金型内部への材料供給などプロセス的な問題から市場要求に応えることが難しい面があった。我々は、耐熱性がある硬化性樹脂材料を保有しており、この材料とインプリント技術を組み合わせることによって、市

事例32　硬化性樹脂によるウェハーレンズの開発　　**233**

場要求に応えられるウェハーレンズ（レンズが円盤状に多数個並んだ製品）に注目した。しかし、熱可塑性樹脂を用いた射出成形とは異なり、硬化性樹脂を用いたインプリント成形は、成形中に架橋と呼ばれる化学反応を伴って硬化する複雑な成形技術であり、成形メーカーが開発を主導する従来の体制では、実用化に時間がかかっていた。一方、我々はレンズ成形技術の獲得は始めたばかりであったが、材料の硬化挙動に関する理解は他社より進んでいるという長所があった。それゆえ、従来とは異なり、運転条件で解決できない課題に対して材料開発まで立ち戻ってプロセスの最適化を行うなどの取り組みが可能であり、硬化性樹脂によるウェハーレンズの開発に対して勝算があると考えた。我々が材料開発だけでなく成形技術開発まで実施することは、事業構想活動の中で基本として考えていた顧客要求に基づく材料開発という方針に合致しており、材料開発の深耕化を進めると共に、周囲の理解を得て、材料開発グループや精密加工グループ、評価解析グループが一丸となってプロセス開発の検討も開始した。

　今回の取り組みは、過去に達成できなかった新しいプロセスの開発という挑戦的な課題も含まれていたため、装置開発も含めて設備整備にも苦労した。スピード感をもって成形技術を獲得していくためには、当社だけでは難しかったが、幸運にもレンズ材料開発を通して交流があった複数の会社から成形やレンズ評価に関する基本情報が入手でき、我々の技術開発への期待の高さを感じた。また、本テーマの事業化に向けて社内外の調整や情報収集など、プロジェクトリーダーの熱意と尽力があったことは言うまでもない。

　以上のように社内外の多くの繋がりの中で、人材確保や技術獲得、設備整備を進めていくことで、短期間でレンズ試作から評価まで実施できる体制を整えることができた。実際にレンズ成形すると、光学性能は満たしているが、生産面で不適切な材料物性であるなど加工時の課題が顧客評価結果を待たずにミエル化することができ、取り組みの正しさを感じることができた。このように顧客からのフィードバック

を待って改良に取り組むのではなく、必要とする材料開発から成形条件の最適化までの取り組みを本格化した。

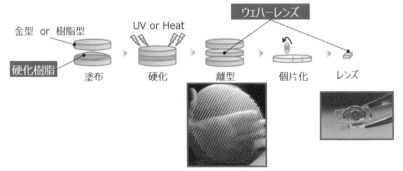

【図1】ウェハーレンズ製造プロセス

2. 魔の川、死の谷を乗り切った要因

　我々は最初に、高温でも透明性が維持でき耐熱性がある当社保有の脂環式エポキシ化合物を主成分としたモノマー設計や配合設計に取り組み、必要とされる材料特性に応じて柔軟に調製できる配合技術を確立した。同時に、材料の硬化挙動に関する評価技術を構築し、材料開発段階で候補材料を絞り込むことができるようになった。また、実際に成形機でレンズまで加工することで、製造時の材料の使いやすさなど顧客目線で材料開発を進めることができた。量産までには様々な課題が発生したが、加工に適した材料開発、材料メーカーの知見を活かしたプロセス改良、材料開発と成形条件最適化の組み合わせた取り組みを実施することにより、各課題を乗り越えてきた。一つ目の例として挙げた加工に適した材料開発によって解決した課題とは以下のような事例である。硬化性樹脂を用いたウェハーレンズプロセスでは、使用する金型あるいは樹脂型上に材料を塗布する。その際、材料粘度がプロセスに対して不適切な場合は、材料送液性の低下、型上から材料の液漏れ、型上に形成されたウェハーレンズ形状内への流入性の低下など不具合が発生するため、プロセスに最適な粘度に調整する必要が

あった。また、従来の脂環式エポキシ化合物を主成分とする材料は、工程設計から要求される硬化時間よりも長くかかることもあり生産性への課題も顕在化した。部門内に実際のレンズまで加工できる機能をもつことで、材料の開発を効率よく実施することができ、製品採用までのスピードアップを図ることが可能となった。

二つ目に挙げた材料メーカーの知見を活かしたプロセス改良には、以下の例が挙げられる。光硬化ウェハーレンズプロセスでは、インプリント成形に使用する型として、光を透過する樹脂を使用している。しかし、樹脂型の成形性は良かったが、使用回数が増加すると樹脂型が膨潤し形状転写精度の低下が発生した。課題解決に向けて、最初に評価部門と協力して樹脂型の分子レベルでの評価を行い、問題の真因を明らかにした。材料開発メンバーを中心とした議論により、課題解決に向けて樹脂型の架橋度をあげることにより課題が解決できるとの仮説をたてることができた。さらに、改善策の具現化に向けて材料メーカーの知見をいかして樹脂型の材料の配合変更や型製作条件の見直しを実施し、得られた改良型を用いて長期間の試作をすることで改良の効果を確認し、課題解決にいたった。

三つ目の材料開発と成形条件最適化による取り組みの例として、熱硬化ウェハーレンズプロセス構築がある。熱硬化ウェハーレンズプロセスは、金型精度や転写性の高さから、高精度成形を必要とする結像系レンズの製造に使用しており、実現に向けてサブミクロンレベルの精密制御が不可欠である。製品から要求されている精度でプロセス構築していくためには熱による膨張収縮だけでなく、液体から固体に変化する硬化挙動を理解することが重要なポイントである。我々は材料開発で得られた硬化挙動に関する知見に基づいてプロセス開発を進めることで、成形条件の最適化を迅速に行うことが可能となった。具体的な課題解決の例としては、材料収縮と運転条件が適合せずに発生するヒケ（製品の表面に歪みや凹みが発生する形状不良）現象への対応が挙げられる。この課題解決に向けて、最初は材料開発で蓄積した配

合技術を活用して、硬化収縮が小さい材料に改良することで課題解決を目指した。実際に改良した材料を用いて材料改善前と同じ条件で試作した結果、予想通り、ヒケに対して改善効果が確認できた。しかし、材料改良のみではサブミクロンレベルではあるがヒケは残っており、本課題を完全に解決することは困難であった。そこで、材料の硬化挙動から成形時にヒケが発生するタイミングを推測し、成形条件を最適化することで、ヒケは完全に解消され、課題を克服することができた。

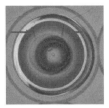

【図2】ヒケの改善

　また、レンズ製品においてはヒケ以外にもサブミクロンでの形状制御が要求されており、材料ごとに硬化挙動を把握した上で成形できることは当社の強みである。形状精度の向上に関する取り組み例の紹介は割愛するが、材料や運転条件だけでなく、金型加工技術の高度化や成形装置の改良など多方面から取り組みも重要であることは言うまでもない。以上の例に示したように、従来の開発体制では解決に時間を要した課題も、課題のミエル化や硬化挙動に基づいて議論し、材料開発や装置開発、成形条件最適化、ナノレベルでの評価技術など関係する各部門が一丸になって課題解決に取り組むことで、従来の体制では乗り越えられなかった課題も一つずつ解決していくことができた。

3. ダーウィンの海を乗り切った要因

　初期試作を通してレンズ成形に関する基本技術を蓄積し技術構築を進めていたが、量産に向けては検査技術やトレーサビリティシステム導入など品質管理体制の構築、作業標準化、将来の競争力確保に向けた自動化、省人化への取り組みがあり、これらの課題は開発部門だけ

実施することは困難であった。研究開発技術から量産技術へ後戻りなく進めるためには、研究開発段階から生産技術部門やエンジニアリング部門との密な連携が必要である。当該プロセスを量産まで進めるにあたって、開発初期段階から生産技術部門のメンバーと一緒になって現場で作業内容を確認したことは、書類を通して確認するよりはるかに効率的であった。研究開発では通常作業として行われているノウハウ作業の内容を読み取り、生産技術に落とし込んで標準化していくことが、早期量産化に向けた取り組みポイントの一つでもある。硬化性樹脂によるウェハーレンズの開発が進んでいく中で、2017年に研究開発拠点としてオープンしたイノベーション・パークでは、研究開発、生産技術・エンジニアリング、企画・マーケティング部門を集結させると共に大部屋化やフリーアドレスを取り入れている。その仕掛けによって部門を超えた技術交流が加速され、研究開発初期段階から生産技術部門メンバーとの活発な意見交換を行った。このようなコンカレントエンジニアリングを実践していくことで、光硬化ウェハーレンズおよび熱硬化ウェハーレンズ共に開発技術から生産技術へ遅滞なく移行でき、品質、数量の両面において顧客要求にタイムリーに応えられる体制を短期間で構築できた。また、若手メンバーにとって早い段階で生産技術開発に関われるようになったことや、生産技術部門メンバーとの交流が図れるようになったことは事業化に向けて貴重な経験になっているとの声も聞いている。

　また、当該技術は新規技術であり知財戦略も重要であった。これまでの開発を通して材料開発に関する内容はタイムリーに出願しているが、成形に関する部分はノウハウが多く出願が難しい面もあった。イノベーション・パークには知財部門メンバーも常駐しており、会議体を招集しなくとも思い立ったときにメンバーのところにうかがい、気楽に議論することで権利化に対する実務担当者の気づき力の向上、同時に主要メンバーで特許戦略に関する議論を定期的に実施することでウェハーレンズの開発方針に従った抜けのない権利化を推進している。

4. 事業継続（BCP）・発展の鍵

　硬化性樹脂によるウェハーレンズは、業界において歴史が浅いため、技術開発と並行して、顧客認知度を上げていくことが新規案件獲得に向けて重要である。イノベーション・パークは、見学者の動線を意識して各部屋が配置されており、状況によっては、顧客と共に現場に入り、装置付近での説明や体験ができるオープンラボ機能を取り入れるなど工夫している。顧客が現場に入りプロセスを間近で見ることで、資料による説明よりも理解が深められたとの意見もあり、このような取り組みも新規案件獲得に向けて役立っている。

　従来、技術確立できなかった硬化性樹脂によるウェハーレンズプロセスに対して、我々が達成できた主要因は、材料制御技術を確立し、また硬化挙動を理解している点が大きかったと考えている。材料挙動の理解をもとに、材料開発や精密加工技術、評価、生産技術の専門家が集まり、様々な意見を交換しながら一丸になって技術開発を進めたからこそ、独自性のある技術として達成できた開発である。課題に対して材料から見直し技術開発できる点は当社の強みであり、加工技術と共に競争力の源泉になっている。現在、成形だけでなく、光学設計もできるようになっており、顧客要望に応えられる体制になっている。また、当社では、硬化性樹脂によるウェハーレンズプロセスにより拡散系レンズおよび結像系レンズといった顧客要求に応じた対応が可能である。さらに両方のレンズが生産できるという強みを活用して、拡散系レンズと結像系レンズが一体となったオールインワンパッケージの開発を進めていくことで顧客要求に応えていきたいと考えている。近年、硬化性樹脂によるウェハーレンズは３Ｄセンシング分野での製品にも採用が進んでおり、５Ｇ社会を支えるデバイスにも貢献している。今後、用途に応じた材料の開発やプロセスの高精度化、反射防止膜など付加価値を高める周辺技術の獲得にも注力していくことで、市場が求める製品開発を進め、社会に貢献していく。

KSF

1. 研究テーマ決定までの経緯
- 透明性、耐熱性を有する自社機能性材料の光学部材への活用
- 新規技術へのチャレンジ

2. 魔の川、死の谷を乗り切った要因
- ウェハーレンズに適した硬化性材料の創出
- 硬化挙動の把握
- 形状転写性の改善
- 形状不良改善に向けた材料およびプロセス両方からのアプローチ

3. ダーウィンの海を乗り切った要因
- 開発技術から生産技術へのスムーズな移行（コンカレントエンジニアリング）
- 大部屋化による議論の活性化とオープンラボの活用

4. 事業継続（BCP）・発展の鍵
- ウェハーレンズプロセスを活かしたレンズ設計および顧客への提案
- 新規材料の開発と新規材料を使いこなすためのノウハウ蓄積
- レンズ拡販に向けた周辺技術の獲得とその応用

受賞歴

1. 近畿化学協会　第72回化学技術賞（2019年度）

関連文献

1. 特許6001668
2. 特許6553980

**フルオレン光学材料の
開発と事業の軌跡
－大阪ガスケミカル株式会社**

事例紹介者：山田 光昭

1. 研究テーマ決定までの経緯

　1990年代前半頃までの大阪ガス西島製造所では、石炭を原料とする都市ガスと共に、副産物であるコークスおよび化成品（ベンゼンやトルエンに加え、コールタールを蒸留して得られるナフタレン）などを製造していた。

　当時大阪ガスでは石炭ガスから天然ガスへの転換を進めており、西島製造所の存続も議論の対象になっていた。存続には化成品事業の収益性を高める必要があるとの結論を受け、既存設備を活用した新たな高付加価値材料の事業創出を目的に、有期限の開発プロジェクトを開始した。

　最初にコールタール中に含まれる、アントラセン、フェナントレン、インデンなどをベースに、これらを変性して得られる幅広い物質について、特許・文献による調査やラボでの簡易実験を行った。特にナフタレン誘導体である2,6-ナフタレンジカルボン酸は、当時市場が立ち上がりつつあったポリエチレンナフタレート（PEN樹脂）の原料として有望であると考え、基本的な合成技術を確立するところまで開発を進めた。しかしながら、市場調査の結果、事業化するには大規模なプラント建設が必要であり、追加投資に対して回収が見込めないことから断念した。

　次に注目したのはフルオレンであった。当時、フルオレンは各社での用途開発が始まった頃であり、コピー機・プリンター用のトナー材

料や液晶ディスプレイ用ブラックマトリクス樹脂、光学レンズ樹脂などへの応用が検討され、特許や文献も増加していた時期であった。フルオレン誘導体は芳香環を多く含む構造により、高屈折率、高耐熱性、高炭素密度といった特徴に加え、フルオレン骨格と側鎖の芳香環が直行したカルド構造により、屈折率の異方性を打ち消すことで低複屈折も同時に実現していた（**図1**）。この非常にユニークな特徴を活かした化合物を工業的に製造・供給できれば、新たな市場を創出することができると考え、1991年に研究を開始した。

側鎖置換基

フルオレン骨格と芳香環が直行：低複屈折

芳香環を高密度に含む：高屈折率
高耐熱
高炭素密度

90°

フルオレン

【図1】フルオレン誘導体の構造と特徴

2. 魔の川、死の谷を乗り切った要因

1）魔の川への挑戦〜新製法への挑戦、テーマの中止と再開

当時、様々なフルオレン化合物の調査・研究を進めていた中で、あるポリエステルメーカーからビスアルコール型のモノマー、ビスフェノキシエタノールフルオレン（BPEF）供給の打診を受けた。このころ、BPEFの製法はフルオレノンにフェノールを反応させた後、エチレングリコールを付加させる2段階での合成が主に検討されていたが（**図2**）、コストが高く、エチレングリコールのユニット数の異なる多量体が生成する問題があった。そこで当社では、フルオレノンにフェノキシエタノールを直接反応させる1段階の合成法に挑戦することとした（**図3**）。

フェノキシエタノールはフェノールに比べて反応性が低いため、合成のカギとなる触媒を変更して実験を重ねるも、反応が進まず研究は

難航した。失敗が継続する中、一度試みに検討済みの触媒を通常必要とされる量より大幅に添加したが、これまでと同様に反応液が黒色になり失敗したと思われた。しかしたまたま所用でそのまま放置していたところ、1時間後に反応液が白色に変化し、反応が進行していた。偶然の組み合わせではあったが、既存の知見や常識にとらわれず、一般的な条件から少し外れた選択肢を試してみた結果、合成の成功に繋がった[1,2]。

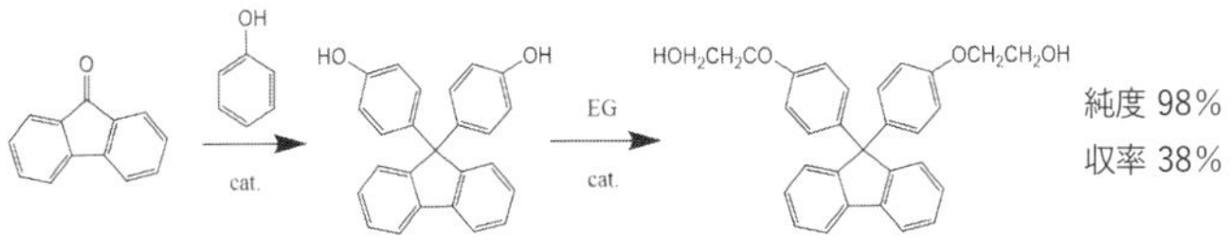

【図2】従来の2段合成法

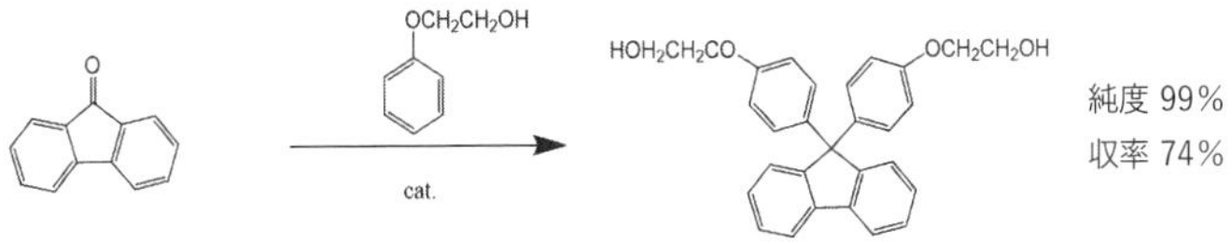

【図3】新開発した1段合成法

　BPEFの1段合成には成功したが、フルオレンの事業性を判断するには量産技術の確立や顧客での評価などまだまだ時間が必要であった。事業化の見通しが立たないまま、遂に期限である1994年度末を迎え、西島製造所は閉鎖となった。

　当時の開発メンバーも新配属先へ離散することとなったが、フルオレンのポテンシャルを確信していた筆者らは、テーマの再起を願い原料のフルオレノンと実験器具一式だけを倉庫に秘密裏に保管した。しかし1995年冬に倉庫の整理に伴いこれら機材等が発見され、翌朝本社の管理部門のトップに事の顛末を釈明することとなった。そこで筆者らは当時の配属先であった研究所でテーマを再開する一縷の可能性に掛け、徹夜で事業計画を作成した。釈明の場で、BPEFは高いポテンシャルを秘めたユニークなモノマーであること、まだ工業生産に成功した企業がない中、筆者らが画期的な合成法に成功したこと、ある

ポリマーメーカーからの熱心な供給の要望があることを説得した。この結果、トップに熱意が伝わり、予算の承認を得て、BPEFの量産技術開発とマーケティング活動を再開した。

このように、我々が魔の川を渡ることができたのは、熱意をもって周囲を説得できるような魅力的な素材・技術に行き着いていたことである。そしてその根源は、テーマ立ち上げに際して多くの可能性を探索し、その中から有望な候補に絞り込んだこと、また他社が手を出さなかった製法にまで検討範囲を広げた結果、工業生産を可能とする合成法を見出したことにある。

2）死の谷を乗り切った要因～実績がない素材だからこその川下展開

テーマの再開を受け、BPEFの量産技術開発と共に、マーケティング活動にも力を入れた。多くの樹脂メーカーがその物性に興味を示すものの、この新規モノマーが産業分野で実績がないことや、既存のモノマーとの反応挙動の違いなどにより、本格的な採用にはなかなか繋がらなかった。

そこで当社は、樹脂メーカーよりさらに川下の部材・成型メーカーから直接ニーズを拾うため、自らポリマーの試作に乗り出した。ラボでの重合経験を積み、量産試作や初期の製造は樹脂メーカーに委託して彼らの協力も得ながら、ポリマー量産技術の蓄積と用途探索を進めていった。

マーケティングにおいて、国内の部材メーカーは実績や信頼性に慎重で、検討期間が長引く傾向にあった。一方で、新材料の採用に積極的であった韓国の大手メーカーがフルオレン樹脂の長所を高く評価し、同社のデジタルカメラレンズへの採用が決定した。高屈折率と低

【写真1】世界で初めてフルオレン系光学樹脂「OKP」が搭載されたデジタルカメラ

複屈折を両立する世界初のフルオレン系光学樹脂「OKP」が本格採用された瞬間である。

死の谷を乗り切った要因は、当社が未経験のポリマー進出に踏み切ったことで、世の中に浸透していないフルオレンという素材を部材メーカーが使いやすい樹脂の形態で提供できたことである。ここでも他のモノマーメーカーとは異なる選択肢まで挑戦の幅を広げたことが成功に繋がったと考える。

3. ダーウィンの海を乗り切った要因

デジタルカメラレンズの採用を皮切りに、当時小型化・高画質化が急速に進んでいたカメラ付き携帯電話のレンズにも採用が始まった。市場が拡大するタイミングで競合に先駆けてニーズに合った新素材を創出したことで、当社の事業も成長を続けた。このように、ダーウィンの海を乗り切るのに最も有効な方法は、自ら市場を創出することである。以下、そのために開発段階から留意すべき事項と、上市後に取るべき対応について述べる。

1) 市場創出のための開発推進

ダーウィンの海を乗り切る最上の方法は、海に辿り着いてからどう乗り切るかを模索するのではなく、数多の海の中で競合のいないブルーオーシャンを探し出し、その岸辺に一番最初に到達することである。そのためには魔の川・死の谷を進んでいるときから他社より少し広い視野でルートを探索し、独自性の高い道を選び取っていくことが有効である。

レンズ樹脂の例でいえば、石炭由来の素材の中から当時主流とは言えなかったフルオレンに着目し、また通常は2段階で合成されていたBPEFの1段合成法に踏み切り、さらに当初社内に技術のなかったポリマー重合まで自ら手掛けた上でマーケティングを進めた。その結果として競合に先んじて従来存在しなかった市場の創出に成功した。

2) 重要原料の安定調達のための取り組み

酉島製造所の閉鎖に伴い、原料フルオレンは海外から調達していたが、需要の急増が見込まれたため、安定的な調達先の探索を本格化した。当時、フルオレンをはじめとするコールタール蒸留を実施していたのは、製鉄会社傘下の化学メーカーのみであった。そこで、そのうちの1社に当社の技術を持ち込み、フルオレンモノマーの製造会社を共同で設立することとした。この結果、モノマーの増産体制と、それに必要な原料の安定調達が可能となった。

　フルオレンのような希少性の高い原料については安定調達のための取り組みが重要であり、適切な時期に検討を進めていくべきである。

3）顧客への技術サポート

　携帯電話の急拡大に伴い中華圏を中心に多数の新興レンズメーカーが市場に参入した。しかし従来の樹脂とは異なる物性や精密レンズ形状の再現の難しさから安定した品質での生産に課題を抱える企業も多かった。そこで当社は、最新の成型・評価設備や技術・ノウハウを大学や国内メーカーから導入、数年がかりでレンズ成型・評価技術の知見を蓄積した。この技術を用いてレンズメーカーへの支援を行うことで、販売量の拡大に繋げた。

　特に新しい技術分野では、自ら川下メーカーの知見を獲得し、顧客に課題解決の手段として提供していくことで、ダーウィンの海を乗り切ることが容易になる。

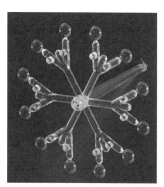

【写真2】当社で成型した樹脂レンズ（先端の丸型部分）

4. 事業継続（BCP）・発展の鍵

　特定の製造技術や設備に強みを有する企業は、各々の事業ドメインの中で多様な原料を選択し組み合わせることで製品群を構築し事業を拡大することが一般的である。これに対し、当社は単一の原料系を様々な形態に加工し新たな事業ドメインに進出することで発展してきた（図4）。すなわち、当社はモノマーメーカーや樹脂メーカーではなく「フルオレンメーカー」としての道を選択した。

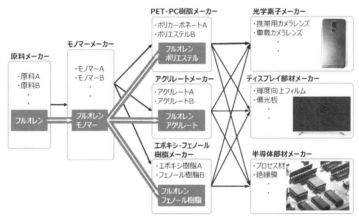

【図4】サプライチェーンにおける「フルオレンメーカー」としての展開

　例を挙げると、全てフルオレンを出発原料として、光学レンズ用ポリエステルの事業化に続き、高屈折率を生かしたアクリレートを開発し液晶ディスプレイ用の輝度向上フィルムに展開したり、構成元素中の炭素比率が極めて高い特殊フェノール系樹脂を開発し、エッチング耐性に優れた半導体プロセス材用途などへ展開し、各事業ドメインの中で独自のポジションを築いている。

　事業継続（BCP）・発展の鍵は、独自の強みを活かせる事業形態を選択することにあった。

KSF

　フルオレン事業全体を振り返ってみると、各製品の開発から事業化、その後の発展に至るまでの各段階で、選択肢の幅を意図的に広げ、その中からより可能性の高いものを選ぶことを継続してきた。これは、正にステージゲート法の実践に他ならない。以下に各節ごとのKSFをまとめる。

1. 研究テーマ決定までの経緯
- 当初から一つの素材に絞り込んでの本格的な開発開始とはせず、幅広い候補について文献・特許調査や簡易実験で可能性を探索
- 調査の結果、ユニークな特長があるものの、まだ市場が立ち上がっていない材料をテーマとして選定

2. 魔の川、死の谷を乗り切った要因
- 一般的な合成ルートとは異なる手法への挑戦で画期的な合成法を開発
- まだ認知度が低い材料のため、モノマーの提案だけにとどまらず樹脂重合まで実施しレンズメーカーへ直接提案

3. ダーウィンの海を乗り切った要因
- 自社が優位に立てるダーウィンの海（競合がいない市場）を開発初期から探索し到達
- 原料の希少性の高さを鑑み、原料メーカーとモノマー製造会社を合弁で設立し安定調達の仕組みを構築
- 川下側の先端技術まで自社に蓄積することで顧客の課題解決を支援し、事業を拡大

4. 事業継続（BCP）・発展の鍵
- フルオレンを出発原料に、モノマーやアクリレートなど様々な形態に加工して、次々と新たな事業ドメインに進出

受賞歴

1. 1998年5月　社団法人近畿化学協会　化学技術賞
2. 2003年11月　社団法人発明協会　発明奨励賞
3. 2012年3月　社団法人化学工学会　技術賞

関連文献

1. 特許第2559332号「フルオレン誘導品の製造方法およびその精製方法」
2. M.Yamada, J.Sun, Y.Suda and T.Nakaya Chemistry Letters 10, 1055-1056 (1998) .

口腔内崩壊錠用添加剤の開発
－株式会社ダイセル
事例紹介者：橋川 尚弘

1. 研究テーマ決定までの経緯

　口腔内崩壊錠用添加剤の開発テーマが動き出すきっかけは2008年頃にまで遡る。当時ダイセルの研究開発部門では、人材育成プログラムの一つとして新規事業機会の調査提案活動が試行された。研究員10名程度がチームを組み、これにサポート役として本社企画部門から1名が加わった。このようなチームが複数編成され約1年間の活動を行ったのである。活動後の成果報告会では各チームから合計20案件程度の様々な事業機会が提案された。そして、その一つが経口剤用の医薬添加剤に関わるものであった。

　医薬添加剤は医薬品の製造に不可欠な材である。錠剤を例にとると、有効成分以外にいくつもの医薬添加剤が配合されている。むしろ錠剤の構成成分の大半は医薬添加剤である。錠剤に強度を付与し、1錠当たりの有効成分の量を揃え、保存時に有効成分を安定化させ、狙った通りに有効成分を放出させるよう配合が決定されるのである。

　成果報告会において医薬添加剤の事業機会提案は高い評価を得た。しかし、この提案はリソースを獲得して即実行できるプランにまでは仕上がっていなかった。活動終了後、有志のメンバーは既存の担当テーマに取り組む傍ら、さらに医薬添加剤の事業機会検討を続けたのである。より具体的な事業企画は、後に協業パートナーとなるニチリン化学工業株式会社（以下、ニチリン化学）のメンバーとのディスカッションを経て組みあがっていくこととなる。

医薬添加剤を新たな事業機会と見なすことについては当初から悲観的な見解もあった。錠剤用の添加剤や製剤化技術の課題は全て解決済であり、もはや新たな課題は生まれない、という厳しい意見も聞かれた。医薬添加剤にはセルロースやセルロース誘導体が広く用いられるが、ダイセルが保有するセルロース誘導体はごく一部の品番が医薬添加剤用途であるに過ぎなかった。採用実績のない化合物を医薬添加剤として実用化するためには安全性試験に多くの費用や長い年月を要する。セルロース誘導体の扱いに長けている自負があるとはいっても、医薬添加剤用途は労多くして功少なしと見る者が多かったのである。

　その一方で、ダイセル社内にはこの取り組みを後押ししてくれる支援者も現れ始めた。ニチリン化学との協議を勧めてくれた当時の経営幹部もその一人である。

　ニチリン化学のメンバーとの議論は非常に建設的であった。経口固形剤の中でも、普通の錠剤ではなく、口腔内崩壊錠（Orally Disintegrating Tablet、OD錠）用の添加剤であれば取り組むべき難度の高い課題が多く残っているであろう。OD錠は、通常の錠剤が胃の中で数十分かけて崩れるのとは違い、口の中で速やかに崩れる特性が求められる。この剤型は近年急速に普及し始めており新規採用の機会が見込める。そして、既存の医薬添加剤成分をいくつか配合して高機能化するコプロセス添加剤の商材形態を選択すれば新たな安全性試験は不要である。この配合型添加剤とでも言うべき商材形態自体は、他社で先行事例はあるもののまだ普及しておらず競争は激化していない。ニチリン化学は機能設計の鍵となりそうな添加剤を保有しているのでこれを中心に据えて配合を検討すればよい。ダイセル側のメンバーには粉体のプロセス設計に慣れた技術者や、配合物の分析法確立を推進できる分析の専門家がいる。

　こうして議論を重ねるうちに少人数で構成された協業チームの機運は次第に高まり、企画の具体化が進んでいった。ダイセル社内でもようやく2011年度の研究開発テーマとして「OD錠用添加剤」が採択

されることとなった。

　その頃、日本の製薬業界では医薬品の特許切れラッシュ等を背景として、ジェネリック薬各社が特許切れ有効成分を用いた OD 錠の開発を盛んに進めていた。これに対し新薬系企業も自社のブランド薬を OD 錠に仕立て直す戦略で対抗していた。

　OD 錠とは、唾液の少量の水分で速やかに崩れるため水無しで服用できる錠剤である。便利であるだけでなく、高齢者の誤嚥を防止し、服薬を拒む患者やその介護者の負担を軽減する。さらに小児製剤への応用も期待されはじめていた。口腔内での崩壊時間は従来から 30 秒以内が目安とされていたが、OD 錠先進国である日本の製薬企業各社の技術レベルは高く、30 秒では遅すぎると見なされつつあった。また湿気に弱いのは当たり前という言い訳も通用しなくなっており、普通の錠剤と比べて遜色のない強度や保存安定性が求められるようになっていった。このような市場動向、技術動向の中へ、我々は新規参入者として（ただし、医薬添加剤業界で経験豊富な協業パートナーと共に）挑んでいくこととなったのである。

2. 魔の川、死の谷を乗り切った要因

　製品開発の方向性を決定づけた大きな分岐点に、「結合剤を使用しない」という方針決定が挙げられる。目指す製品形態は、コプロセス添加剤、すなわち複数の医薬添加剤成分を配合した造粒物（粉体）である。製薬企業に納められるまでの流通形態として、造粒物にはある程度の丈夫さが必要である。構成する複数の添加剤成分がバラバラに崩れてしまうようではまずい。また、顧客である製薬企業の工程では様々な有効成分などと混合して圧縮成形（打錠）されるが、こうしてできた OD 錠にも強度が必要である。このような事情から、粉同士を結着させる糊のような性質をもつ結合剤は多くの錠剤や OD 錠の製剤設計に用いられ重要な役割を果たしてきた。一方で OD 錠に関しては、結合剤を用いることが速やかな崩壊を妨げる要因にもなり得る。我々

は、速崩壊の実現のしやすさを優先し、結合剤を使わないことを開発初期段階で決めてしまった。このことは、造粒自体の難易度が上がり、造粒物が得られたとしても形状は歪でかさ高くなり、従って粉体流動性に乏しい傾向となり、もし圧縮成形性が足りなければ何らかの方法で補わなければならないことを意味している。このような厄介な課題と向き合うことを受け入れる代わりに、我々は速崩壊性能の達成に関する懸念を一つ排し、糊との相性を考慮しなくてもよいという配合設計の自由度を確保した。早速、是非とも試してみたかった速崩壊の技術コンセプトの検証に取り掛かったのである。

　錠剤の崩壊の仕組みに関して頻繁に引用される論文を参照すると、4種類の崩壊機構が説明されている。錠剤に含まれる崩壊剤（添加剤の一種）が水分で膨潤することによって錠剤が崩れる機構（膨潤型）、錠剤内部に水分を導く添加剤によって錠剤構成粒子の結合が緩み崩れる機構（導水型）等々である。従来からのOD錠の設計は概ねここでいう膨潤型の崩壊を狙っている。OD錠に用いられる崩壊剤は水分との接触により強烈に膨潤し、これによってOD錠を内部から押し割って崩壊させるのである。しかしながら強力な崩壊剤を極端に多く配合しても、湿気に対する安定性が悪くなるばかりであり、ある程度よりは崩壊時間は短くならない。このような速崩壊性能の頭打ち現象があることはOD錠の設計者の間ではよく知られていた。我々はこの頭打ち現象が、OD錠の表面で膨潤した崩壊剤がOD錠内部への水分の浸透を妨げることによって起こると解釈した。そうであるならば、OD錠の内部に潜んでいる崩壊剤にもいち早く唾液由来の水分が届く工夫をすればよいことになる。協業パートナーであるニチリン化学は、膨潤力は控えめで導水力に優れた添加剤「酸型カルボキシメチルセルロース」を保有している。個性的な性質を有する添加剤であるが、これまでOD錠設計の主役を演じてきた材ではなかった。これを崩壊機能設計の中心に据えて、OD錠内部まで水分を送り届ける役割を担わせ、水分の送り届けられる先に膨潤力の強い崩壊剤が待ち受ける設計

にしてはどうか。1秒でも速く崩壊させたい。しかし、狙いとしては導水が先で、その後に膨潤させたいのである。この2種類の材による導水と膨潤の役割分担、そしてこれらの組み合わせを、我々はその喩えから「導火線と爆薬コンセプト」と呼んだ。この導火線と爆薬コンセプトに基づく試作品は、早い段階で期待通りどころか期待以上の評価結果をもたらした。従来のOD錠は、錠剤を構成する粒子の間に空隙を設けておき（すなわち打錠圧縮力を弱めておき）OD錠の強度を妥協して水分の経路を確保しておくか、あるいは崩壊の過程で生じたクラックに沿ってさらに奥へと導水するのを待つ必要があるものが多かった。これに対し我々の設計は、粒子間の隙間によらず、またクラックの発生を待つこともなく、水分を届ける経路が確保されているので高い圧縮力を用いて打錠しても崩壊時間が長くなりにくい利点があった。またOD錠に含有させる有効成分の量が多い場合にも従来型の設計よりも速やかな崩壊が実現する傾向であった。

　一方で先に述べた、結合剤を用いないことによって生じたいくつかの課題も、工夫と、幸運と、さらには関係者のご尽力のお陰で解決していった。ここでは以下、簡単に触れるにとどめる。

　造粒の難しさの解決は、造粒工程の委託先であるCMO企業（医薬品製造受託企業を表す略称）のご尽力と、開発初期段階からの密な連携が奏功したと言える。我々は十分な実験設備を保有しない状態で開発に着手したので、外部に委託して試作や評価を繰り返してきた。このことが我々の学習の機会となり（技術を学ぶ、委託・外注に慣れる）、委託先との連携が上手く進む素地にもなった。委託先の造粒の専門家と議論を交わすことができる粉体プロセスに慣れた技術者が開発チームにいたことも大きい。我々の配合やプロセスがよほど奇抜だったのか、当初、委託先の技術者からは「本当にこんな条件で造粒するんですか？」と言われたりもしたが、我々の予備検討の結果をよく咀嚼し、商業生産設備へのプロセスのフィッティングを見事に達成してくれた。

また、歪な粒子形状が許容された背景には、装置の性能向上の寄与があったと言える。顧客である製薬企業が用いる混合機や打錠機は、装置メーカー各社の努力により近年大きく進歩を遂げていた。医薬添加剤に求められる粉体流動性は、一昔前の専門書に書かれている値より低くても十分許容されるようになっていたのである。これも装置メーカーや製薬企業との頻繁なコミュニケーションを経て早い段階で気づくことができていた。そればかりか、我々の造粒物が過度に流れ過ぎず歪な形状であることによって、顧客の実施工程にメリットがあることも分かってきた。それは有効成分粒子と我々の造粒物の混合性に関することである。有効成分と添加剤の粉同士の均一な混合状態の確保は1錠ごとの有効成分の含有量を揃えるために大変重要な要件である。造粒物の歪な形状はどうやら物理的な絡み合いの効果をもたらしているようであり、様々な有効成分の粒子と均一な混合状態となったのである。粉体の混合性の確保については、ある顧客企業での製剤設計において実際に問題となり、いくつかの派生品番の造粒物を用意して一緒に検討したことがあった。顧客側のご尽力もあって何とか解決し、「結果を見る限り、あなた達の主張する仮説が当たっているようだ」と労っていただいたときは本当に嬉しかったものである。

　コプロセス添加剤は、配合する各添加剤成分が既存添加剤であれば、改めて安全性試験をする必要が無い。この点は医薬添加剤の新製品を創出する上で大変魅力的である。一方、コプロセス添加剤固有の難題もあり、その一つが分別定量法を含む規格試験法の確立である。配合された各添加剤成分が狙った通りの配合比率になっているか確認できることが求められるのである。しかも、分析方法は受入試験等で実施容易なものでなければならない。各添加剤成分は日本薬局方などに定量法が示されているものもあるが、その多くは配合物や混合物に対してそのまま使えるものではなかった。ましてや、我々が配合したのはセルロース、セルロース誘導体、糖類等である。似て非なる成分の混合物の分別定量法を、日本薬局方記載の古典的な定量法（滴定、吸光

度など）を最大限引用して組み上げなければならないのである。改めて振り返れば、上手い答えが見つからないかもしれなかった難題であったが、定量原理の選択、既存試験法の変法の確立、分析法バリデーションの完了までを短期間でクリアすることができた。この課題では分析部門に所属する開発メンバーがチームを引っ張り、解決へと導いた。そしてセルロースやセルロース誘導体の性質を熟知していたことも大いに役立った。我々が仕上げた試験法は、後に、日本薬局方を補完する公定書である「医薬品添加物規格」に収載されることとなった。

　こうして、当時は未だ先例が少なかった OD 錠用のコプロセス添加剤として、GRANFILLER-D® （グランフィラー D）の製品化に漕ぎつけることができた。GRANFILLER-D の商業生産ロットの供給の開始は 2014 年初めである。開発の実務への着手が 2011 年 7 月、出荷開始まで約 2 年半で駆け抜けたということになる。

　もちろん、商業生産開始後も初回採用製品の申請対応などに奔走することとなった。顧客による OD 錠の申請時点で GRANFILLER-D は使用前例のないコプロセス添加剤だったので医薬品の審査当局である（独法）医薬品医療機器総合機構（PMDA）からの照会事項は多い。原料、製法、機能、試験法などの妥当性を説明するための情報を揃え、申請者である顧客製薬企業を通じて PMDA へ回答する必要がある。品質保証を担当したニチリン化学はもちろんのこと、製造委託先、各原料メーカーなど、関係者の多大なご協力があってタイトなスケジュールに間に合わせることができた。振り返ると、サプライチェーン上での取引関係であるだけでなく、開発段階での協力者としての信頼関係の構築は非常に重要だったと思うし、素晴らしいビジネスパートナー各社と巡り合えたことは幸運だったと感じる。

3. ダーウィンの海を乗り切った要因、 事業継続（BCP）・発展の鍵

　GRANFILLER-D の採用品目は次第に増えていった。事業規模拡大

の過程で最初の大きな課題は、製造能力の確保であった。当初の製造委託先でのキャパシティが逼迫したため、もう1社委託先を追加した。両社でのロットの同等性や、原料手配、在庫の管理など、シンプルであった小さなビジネスが急に複雑になっていったが、無事需要増に対応することができた。新規顧客開拓、自社の製剤ラボの整備、顧客における製剤設計の支援、対外発表も拡充していった。海外にも顧客を得て、輸出の手続きやマスターファイル登録も行った。

　限られた陣容で全てを一挙にこなすことはできない。しかし、事業機会の拡大の手順を想定し、順次、事業の仕組みを整えていくやり方にはメリットもあるように思う。例えば、新たにチームに加わったメンバーには自らが主担当となる活躍の機会が用意されることになる。そして各メンバーは成功体験を得ることができ、得意な業務領域ができていく。

　サプリメント分野への進出を狙った新製品開発にも着手した。コプロセス添加剤のノウハウは一部は活かせるものの、医薬用とサプリメント用では使用可能な原料系が大きく異なる。従って、水無しでも飲みやすい速崩壊型サプリメント錠用の添加剤の設計は、全く1からやり直しとなる。幸い、導水性に優れた食品添加物が見つかり速崩壊機能の設計を完成させることができた。サプリメント用の速崩壊性賦形剤はSWELWiCK® として2016年から販売開始した。

　事業機会の展開は他にも多くを試み、難航もしくは断念したものも少なくない。そのような状況の中で、川下化を志向した取り組みは現在も粘り強く続けている。我々の添加剤の配合設計が、非常に薄いOD錠（コイン型OD錠）の打錠に適していることを見出し、この実用化を目指している。この特殊なOD錠の口腔内崩壊時間は僅か5秒程度であり、それでいて湿気に対して強く、含有させる有効成分の量や苦みを抑えるための設計の併用に関する制約も少ない。これが例えば、安全な小児用製剤の実用化に寄与するならば嬉しい限りである。

1. 研究テーマ決定までの経緯

- 試行された人材育成プログラムの中での発案であったこと。既存組織ではないので過去に縛られなかった
- 後発医薬品市場急成長の時期であったこと
- 社内では事業機会としては当初は期待されなかったものの、セルロース系材料が用いられる分野であるため関心は高かったこと
- 支援者の存在

2. 魔の川、死の谷を乗り切った要因

- 添加剤企業（ニチリン化学工業）との協業を選択したこと
- 開発初期に基本方針が定まり、その方針に沿って、個別の技術課題設定と解決が上手く連動したこと
- ユニークでかつ自社原料優位が想定できる設計が発想できたこと
- 開発チームメンバーの専門性が多様であったこと
- 試作段階から社外への委託を多用し、商業生産も製造委託を選択したこと

3. ダーウィンの海を乗り切った要因、事業継続（BCP）・発展の鍵

- 製造委託先の追加
- サプリメント分野への進出
- 川下化の取組としての特殊形状のOD錠

受賞歴

1. 近畿化学協会化学技術賞（2016年）
2. 粉体工学会製剤と粒子設計部会技術賞（2023年）

関連文献

1. 平邑隆弘, 岡林智仁, 連載　錠剤製造技術である直打を考える⑬　OD錠用プレミックス賦形剤からはじめる直打ファーストの製剤設計検討, PHARM TECH JAPAN, 34 (7), 83-86 (2018).
2. 楢﨑美也, 岡林智仁, 医薬品添加剤における開発および製剤設計・評価の新展開, シーエムシー出版, 87-95 (2022)

事例35 外科用止血シーラントの開発 －三洋化成工業株式会社

事例紹介者：天野 善之

1. 研究テーマ決定までの経緯

　日本人の食生活の欧米化や生活習慣の大きな変化、高齢化に伴い、1980年代頃からは循環器病患者が大きく増加し、心臓血管手術数も増え心臓血管外科において手術技術の向上が強く望まれていた。とりわけ、大動脈瘤／大動脈解離手術では、生体血管の疾患部を人工血管に置き換える際の血管同士の縫合箇所（以下、血管吻合部）からの出血が避け難く、手術が長びく場合も多いことから確実に止血することが手術成否の鍵の一つとなっていた。国立循環器病研究センター研究所生体工学部に在籍された松田武久先生（その後、九州大学教授、金沢工業大学教授を歴任）は、開発テーマを発掘するために立ち会った心臓血管手術で現状を目の当たりにし、止血材に対する外科医の強いニーズ（血圧が高く血液で濡れた大動脈吻合部を速やかに止血でき、脈動に順応する止血材）に応えるべく新しい止血材の開発に着手した。医療現場の仔細な観察によりニーズを探索し開発に繋げる手法は、今日の'バイオデザイン'に通じるものである。特に、'表面が濡れている柔らかい組織への接着'は、従来の止血材で持ち得なかった機能で、この機能を本材の技術開発ターゲットとしたことは革新的なことであった。

　松田先生が掲げた分子設計思想は、1）湿潤な生体組織表面への高い密着性、2）脈動する生体組織のへの優れた追随性、3）適度な硬化速度と粘度、4）感染性がなく安全で生体適合性のある非生体材料、

であった。これらを実現するために、標的材料はポリエーテル系ウレタンプレポリマーに定められ、その組成検討については1960年代からポリウレタン製品開発実績とノウハウを有する当社が協力要請を受けて対応することになった。

当社の技術を駆使して組成設計したポリエーテルに芳香族イソシアネートを結合させたサンプルで、上記1）〜3）はクリアしたが、4）は芳香族イソシアネートの安全性問題（発がん性）が残った。

2. 魔の川、死の谷を乗り切った要因

その後、反応性と安全性（非発がん性）が両立するフッ素系脂肪族イソシアネートが見つかり、1989年に国立循環器病研究センターで分子設計思想1）〜4）の全てを満足することが確認され、基礎研究から製品化段階に移行した。

本材は、心臓血管外科手術時の止血を目的とした薬理薬効のない外科用止血シーラント（医療材料）で、医薬品でなく医療機器に分類される。医療機器は、包帯から埋植して使用するカテーテル等、またX線検査装置等、対象が広範で多岐に亘る。医療機器の安全性や治験（人を対象とした臨床試験）を伴う製品化に関する諸事項を網羅した当時の薬事法は、弊社のような経験・ノウハウがない新規参入企業にとっては、複雑で難解なものであった。そこで、医療機器を製造開発している既存企業との提携が必須と考え、提携候補を選定し共同で性能評価を進めた。提携候補の評価は良好で魔の川を渡れたと思った矢先、1990年前半に海外で発生したシリコーン製豊胸材の非生分解性に伴う発がん性の問題が本材にも波及し新たな魔の川が出現した。さらに、薬事・事業化の道筋やリスクが掴みきれないことから、事業化判断に至らずテーマは棚上げとなり、外科医や開発者の強い期待に応えられなくなった（'死の谷'への転落）。

約10年が経過して21世紀に入り、社内では新事業開発機運が高まり、本材にも再び光が差し始めた。十数名の著名な心臓血管外科医お

よび KOL へのヒヤリングから、止血ニーズに変化がなく本材への期待も大きいことが確認された。以前は難解であった薬事法（2014年以降は薬機法に名称変更）にも変化があった。1990年代後半から米国や EU の規制を組み入れた医療機器の薬事に関する大きな制度変革（2002年薬事法改正や2005年施行に伴う規制改革、審査基準の明確化、審査業務を担う医薬品医療機器総合機構（PMDA）の新設、治験や承認申請等に関する相談制度、臨床開発の支援体制（大学病院等の治験センター、薬事コンサルタント、臨床開発受託業者（CRO））の整備が実施され、医療機器事業への新規参入の道筋が明確になった。発がん性（安全性）の懸念は、本材が埋植医療機器として使用実績が多いウレタン素材であり、その後の評価で発がん性（安全性）の懸念も払拭されてきたことから"魔の川は渡れる"との考えに変わり、事例の少ない日本発（国内技術で製品化）医療機器の上市を目指して開発を再開することになった。

　'死の谷'から脱出を図るため、以下の手法を考案した。医療機器の事業化には多種多様な課題があり、長期の開発期間と投資を要すため、上市までの事業化プランを一括で判断し難い。そこで、ステップごとの課題・リスクと判断基準を明確化し、判断に必要な情報・エビデンスを逐次提示し、経営層の承認を得ていく手法とした（**表1**）。

【表1】事業化に向けた開発フロー（当初期間・約7年）

1．非臨床試験開始判断		
	生物学的安全性試験、動物試験	（約3年）
	⬇	
2．治験開始判断		
	治験結果総括、業許可	（約2年）
	⬇	
3．薬事申請実施判断		
	薬事承認取得、薬価決定	（約2年）
	⬇	
4．事業化判断		
	［事業立ち上げ、発売開始］	

タイムリーに進捗を報告し判断できる本手法は有効で、具体的には4ステップに分け、事業化継続可否を判断し開発・製品化を進めた。

1) 第1ステップ：非臨床試験開始判断（生物学的安全性試験、等）

治験（人での臨床試験）前に必須の非臨床試験については、事業化に伴う業務・費用・期間を開発フローと併せ提示し、本試験の位置づけ、課題と具体的な対応策を明示することで長期（約3年）に亘る本試験開始の承諾を得た。

①事業化に伴う経費試算（本試験～承認、設備投資）

本試験、臨床試験（治験）～承認取得に関する業務・費用・期間の見積もりは、治験センターやCROに確認した。製造設備は、需要予測等から大規模投資は不要と判断した。

②薬事コンサルタントの支援を受けた本試験の計画策定

生物学的安全性の評価が薬事審査の第一関門であり、これには的確な試験プロトコルの設定と評価が要求される。当分野の第一人者に薬事コンサルタントを依頼し、非臨床試験基準に適合した試験施設を設定し、要求基準に適合し審査に耐え得る本試験計画が策定でき、経営層の理解、本試験開始の社内承認を得ることができた。

2) 第2ステップ：治験開始判断

治験段階では、①臨床成績を評価いただく医学専門家（KOLに相当）の選定、②人に使用するための治験サンプル生産、③治験実施計画の策定が必須となる。

①医学専門家の選定

本材の有用性と特徴を理解し臨床評価を実施いただく医学専門家は本治験遂行の要である。九州大学に移られた松田先生との連携も考え、同大学病院の心臓血管外科医に参画いただき、治験計画立案、臨床使用を想定した動物実験、治験成績評価、治験施設間の調整を確実に進める体制を構築した。

②治験サンプルの生産

製造プロセスを検証して、厳格な品質管理が実施できることを確認

し、治験サンプル供給可能な生産体制を構築した。

③治験計画の策定

本材の事業投資の中で治験費用が最も大きい。的確で合理的な治験計画の設定が重要となるため、PMDAと治験対象手術に関する治験前相談を行い、単一治験で複数の異なる血管吻合手術の同時評価は困難なため、最も止血に難渋する胸部大動脈置換術に絞った治験を薦められた。胸部大動脈置換術数は全血管吻合術の5分の1（年間約15,000例）であるが、最も難易度の高い当手術で十分な安全性と有効性が確認できれば血管吻合術全体で適応取得できる可能性が残った。非臨床試験と臨床を想定した動物実験から、医学専門家は胸部大動脈置換術での治験の成功確率は高いとの見解で、適応拡大による使用数量増も見込めることを報告し、経営層の理解、胸部大動脈置換術に絞った治験実施にGoサインを得た。

3) 第3ステップ：薬事申請実施判断

薬事申請においては、①治験の評価結果における有効性と安全性の実証、②国の基準に従った品質管理が行える業許可の取得、が重要な要件となる。PMDAとは、③申請前相談で承認に向けた課題を確認し対応を図った。

①治験の評価結果

従来の術式と比べ、本材を使用した術式は有意に高い止血率（有効性）を示し、健康被害の増加はないこと（同等の安全性）が確認された。

②業許可の取得

自社で製造販売するには、医療機器の製造販売業許可（業許可）が必要となる。以前よりQMS（Quality Management System：品質マネジメントシステム）体制下で製造販売してきた体外診断用医薬品の体制をベースに医療機器の業許可を取得した。

③申請前相談

PMDAとは、本材による特定の健康被害がなく（安全性）、高い止血効果（有効性）を有し、大きな課題がないことを確認した。

以上から、承認取得の可能性が高いことが確認でき、経営層から薬事申請の了解を得た。

4）最終ステップ：事業化判断

医療機器の上市には、①薬事承認を取得し、②妥当な保険償還価格（以下、薬価）の取得が重要となる。薬価は事業採算性に大きな影響を及ぼすため、厚労省との折衝は重要な事項となる。

①薬事承認

適応範囲は、治験対象の胸部大動脈置換術に限定されたが、安全性、有効性に問題はなく2011年に、薬事承認を取得した。

②薬価

薬価は医療費削減が大きいほど高く算定されやすい。治験症例が少なく、治験で医療費削減に繋がる明確なエビデンスが示せず、薬価加算は見送られ本材の薬価は競合品と同等となった。

当初の予測薬価に未達で採算性は厳しいものとなったが、次節に示す挽回策を定め、当社では初めての医療機器ビジネスを進めることになった。苦難は続くが、多くの専門家からの製品化要望と激励を受けて、臨床で命を守る有用な止血材を上市したことにより臨床現場で貢献できた意義は大きい。"日本発の医療機器を開発する"という関係者の思いが原動力となった。

3. ダーウィンの海を乗り切った要因

残った課題、1）販売パートナー獲得、2）原料のコストダウン・安定品質の原料および製品供給体制の構築、3）市販後調査の実施義務は、以下のように乗り切った。

1）販売パートナー獲得

医療機器販売には、医薬情報に精通した販売員を介した医療機関との対応・販売体制が必要だが、当社はこのような体制がなく、販売パートナーは必須であった。また、適応は胸部大動脈置換術のみで市場が限定され、販売パートナー選定は時間を要したが、循環器分野に強く、

自社製品（人工血管）とのシナジーが図れるＡ社とコワークすることになり、2014年に発売を開始した。

2）原料コストダウン・安定品質を確保できる製品供給体制

狙った薬価を取得できず、主要原料のイソシアネート価格も高騰し原価低減に向けた原料コストダウン（自製化）が必至となった。自製化生産の確立には2年を要したが、原料の価格低減と安定供給が達成できた。安定した品質の製品供給体制も構築できたことで、市場での信頼性向上が図れ、市場拡大に繋がった。

3）市販後調査の実施

本材は、新規の組成を有する新医療機器に区分され、市販後調査が義務づけられ、治験の約10倍にあたる500症例以上の症例情報収集を指示された。調査には約50施設に参加いただき、販売パートナーの全面的な協力を得て、3年がかりで全症例の報告書を回収した。集計・解析結果から、本製品の有効性と安全性を大規模調査で実証でき、安定品質で不具合もなく、厚労省の再審査を無事クリアできた。また本調査で得られた多数の臨床使用実績と市場における高評価と信頼性は、本材の継続的な発展と適応拡大実現への大きな推進力となった。こうして、2021年にようやく血管吻合部全体への適応拡大が認められた。そして国内での臨床使用実績を活用してCEマーキング認証を取得し、欧州・中東・アフリカでの発売を達成した。さらに台湾や香港での発売が開始され、今後、さらなる市場拡大を計画している。

4. 事業継続（BCP）・発展の鍵

21世紀を迎え新たな企業発展の道を模索する中、約10年間、事業化を中断していた止血材（高度管理医療機器：クラスⅣ，以下、本材）にも光が差し開発が再開され、当社バイオ・メディカル事業の橋頭保を担う製品を誕生させることができた。また、メディカル分野の新製品開発、製造体制強化、海外展開等の重要な基盤となっている。ここでは、本材の開発再開から得られた経験・知見を参考に事業継続（以下、

BCP）・発展の鍵を取り纏めてみる。長期間中断していた開発が再開され医療機器市場に上市し拡販できたのは、薬事の制度改革も大きいが、それ以外に①根強い止血ニーズ（既存品は対応難）、②ニーズに合致した止血性能（他にない止血機能有）、③安全性の担保（非生体材料、治験での安全性確認済）、④安定供給体制（安定した品質の製品を安定供給する体制構築）、⑤リスクマネジメント（以下、RM）体制（全工程でRM体制構築）、⑥市場情報フィードバック体制（GVP、PDCA体制構築）、および⑦開発者の強い意志とチャレンジ精神、があったからである。

　これらを満足した製品を開発し上市する（以下、"いいモノ創り"）ことが、市場の信頼を得て発展するための第一歩となる。当然な事項だが、全てを満足した製品の上市には知恵と労力を要し、新規テーマほど課題が多く容易ではない。当社では、設計開発〜製造〜販売の全工程で発生する課題は、常に事業本部全部署の専門メンバーが参画するRM会議に諮り、知見・ノウハウ・ネットワークをフル活用し検証・意見交換を実施して抜かりない対応を進めている。RM会議は、相互に討議できる場として機能し、課題改善、信頼性向上に繋がる重要かつ必須のアクションとなる。

　一方、益々厳しくなっている薬事規制に対しては、本材の上市に伴い構築した薬事・QMS体制をベースに最新情報を共有化し、常に人材を育成することで体制の維持・強化を進めている。

　このようにして、当社の強み（界面制御・バイオ技術）を生かした新製品開発と新分野への事業化チャレンジに挑み、「"いいモノ創り"を常に実践する」ことが、バイオ・メディカル事業を継続・発展させる鍵と考える。

KSF

1. **研究テーマ決定までの経緯**
   - 医工学者との出会いから現場ニーズの把握
   - 社内シーズと社外シーズのマッチング
2. **魔の川、死の谷を乗り切った要因**
   - 薬事コンサルタントとの提携
   - 経営層の理解
   - キードクターとの連携
   - 規制の変化
3. **ダーウィンの海を乗り切った要因**
   - 販売パートナーとの提携
   - 高価原料の自製化
   - 市販後調査の完遂による膨大な臨床経験の蓄積
4. **事業継続（BCP）・発展の鍵**
   - 組織再編によるビジネス維持・推進
   - グローバル、安定生産、顧客指向、管理体制
   - 市場拡大と製品ラインアップ拡充

受賞歴

1. 高分子学会賞（2017年）

関連文献

1. 松田武久、中島伸之、伊藤哲雄、人工臓器、18, No.1, 405（1989）.
2. 松田武久、中島伸之、胸部外科、66, No.4, 315（2013）.
3. 森田茂樹、松田武久、江藤政尚、小田普一郎、富永隆治、胸部外科、66, No.5, 395（2013）.
4. Morita S, Matsuda T, Tashiro T, Komiya T, Ogino H, Mukohara N, Tominaga R, Gen. Thrac. Cardio. Surg., 68, 112（2020）.
5. Morita S, Yaku H, Gen. Thrac. Cardio. Surg., 71, 505（2023）.
6. 特許2691722
7. 特許4256855

全事例のKSFの解析－傾向と特徴

近畿化学協会 化学技術アドバイザー会技術経営（MOT）研究会

　『化学産業における実践的MOT』の初版および第2版（本書）で紹介した、研究開発から事業化に至った35件の事例は、それぞれ背景・環境や経緯が異なるもので、いずれも興味深く、示唆に富んでいる。

　MOT研究会では、さらにこれらの事例を、全体を通し、KSF（Key Success Factor：研究開発から事業化に至った中で、マネジメント上の重要な要因）を中心に全体の傾向を調べ、特徴的な事例抽出を行った。読者のみなさまに、より一層活用していただけるよう、それらのエッセンスをご紹介する。化学産業の成功例は、掲載されたものにとどまらないが、本書の事業化成功事例を通して、皆様が日常あるいは将来携わる研究開発マネジメントにおいて、何かのヒントになれば望外の喜びである。

1. KSFの分類

　MOT研究会では、'MOTの目的'を「経営の観点から、技術力や研究成果を具体的な事業として実用化し、経済的価値を生み出すこと」と捉えており、'MOT'を、「新規事業開拓の成功確率を高めるためのマネジメント手法論」と定義している。それは「イノベーションを起こすために必要かつ有効なマネジメント上の手段」と言い換えてもよい。

　まず、紹介された事例のKSFを整理するにあたって、MOT上重要と思われるキーワードを抽出した。参考にしたのは、経済産業省のイノベーション政策関連資料、ジム・コリンズ著『ビジョナリーカン

パニー』やオライリーら著『両利きの経営』などの経営書、マーケティング入門書・資料などである。得られたキーワードを以下の9通りに分類した。

1. 経営（方針・投資・判断・・・）
2. ニーズ・マーケティング
3. オープンな場・連携
   3-1.社内連携／3-2.社外連携
4. 組織風土・人材・情熱
5. 自社の強い分野・土台
   5-1.商品力・技術力／5-2.販売力／5-3.知財活用
6. 新しいビジネスモデル・新しい事業構造

　それぞれの項目の名称は代表するキーワードの総称でありコンセプトである。誤解を避けるために以下に簡単な説明を行った。これらの分類されたキーワードを用いて、初版・本書併せて35件の事例のKSFを解析した。

1. 経営（方針・投資・判断・・・）：経営戦略・研究開発戦略・経営方針や、設備投資やテーマのGO/STOP判断、組織新設・改編などを示す。役員のサポートや、会社を取り巻く環境や会社の事情、R&D組織の位置づけなども含む。
2. ニーズ・マーケティング：市場を獲得するための積極的・戦略的な活動やニーズの本質への訴求などを意図した、マーケティングやニーズの把握・獲得に関わる全てのKSF。市場の状況、潜在的なものを含めたニーズ、用途開拓、顧客対応・交流なども含む。
3. オープンな場・連携：知の融合やシナジー効果（橋渡し・協働による）などをもたらすとされるオープンイノベーション・組織連携を念頭に置いている。社内外を区別した。

3－1．社内連携：社内の他部署との連携やコミュニケーション、
　　　　　情報共有などを含む。
　　3－2．社外連携：学官産との共同研究や技術支援、会社間の協
　　　　　業・M&A を含む。
4．組織風土・人材・情熱：組織風土・組織文化、組織および開発
　　者達の情熱や気概・努力、組織全体としての技術レベル、ある
　　いは人材（採用も含めて）に関わる KSF を示す。組織文化の
　　中には過去の経験の活用や、経営学で注目されている〝両利き
　　の経営〟などを含む。
5．自社の強い分野・土台
　　5－1．商品力・技術力：マーケティング理論では、一般的に、
　　　　　商品展開は二つの要素〝商品力〟と〝販売力〟で成り立
　　　　　つとされており、この項では、前者の商品力が該当する。
　　　　　商品力には、商品の価値・効用、それらを具現化する技
　　　　　術力（開発力）および商品の競争力が含まれる。開発の
　　　　　ベースとなった技術力を含み、日東電工が提唱する三新
　　　　　主義による開発もこの概念に該当する。MOT 研究会が
　　　　　取り上げた事例では、技術力の比重が大きいため、項目
　　　　　名を〝商品力・技術力〟とした。
　　5－2．販売力：販売力では、商品の顧客への導入・顧客とのコ
　　　　　ミュニケーション・ストアカバーを指す。顧客の要求性
　　　　　能への対応、生産拠点や販売拠点のグローバル化、技術
　　　　　サービスや品証体制の拡充、事業拡大や販売促進を目的
　　　　　とした情報発信、銘柄の拡充などもこの項に含めた。
　　5－3．知財活用：単なる特許出願は、ノウハウとしての秘匿も
　　　　　含めて、当然の企業活動であり、本項では、戦略的な出願、
　　　　　知財の戦略的活用など、知財の更なる活用により、事業
　　　　　開発を成功に導くことを意図した。
6．新しいビジネスモデル・新しい事業構造：新しいビジネスモデ

ルの導入や業種間の転用などを開発課題の一つとするもの。『ビジョナリーカンパニー』では“儲かる仕組み”に相当する。本書では、その企業が従来採用していた事業構造を変革したものも含めた。

2. KSFの傾向や特徴

　事例紹介者は、1事例当たり平均して約11個のマネジメント上の成功要因をKSFとして挙げていた。

　KSFで最も多かった代表キーワードは、5－1．商品力・技術力。全KSFの3割を占めていた。全ての事例でそれらを成功要因としていて、内容的にも‘技術開発の成功’というものが多かった。

　取り上げた事例の多くは、自社の強いところ（特に技術的な）からの開発の拡大・展開を目指したものであり、化学産業界では、上記の“三新主義”のような手法が、有力なものの一つであることを示唆している。

　逆に、我々が取り上げた事例では、新しいビジネスモデルや販売力などを武器にした事業・商品開発はなかった。ただ、新しい事業開発の一環として、新しい事業形態等に言及している事例は多く見られた。本書の事例33、ベンチャー企業の事例である本書の事例31や初版の事例19・20では、技術開発の成功を大事な要因としつつも、事業モデルなどの事業構造全体の開発の重要性を説いていた。

　なお、5－1．商品力・技術力が多かったのは、MOT研究会が意図的ではないとしても結果として技術的に優れた事例を主に取り上げてきた可能性はある。また、事例紹介者の立場、生い立ち、ものの見方によって、KSFの挙げ方も大きく変わる可能性があることなどには留意しておく必要がある。

　次に特徴的なKSFとして挙げられた代表キーワードは、2．ニーズ・マーケティングである。そもそもニーズ・マーケットがないものは事業・商品として成立しないので、これらの要因が挙げられるのは

必然であるが、通常のサンプルワーク的な活動を越えた、それぞれ独特なやり方でニーズ探索や商品開発のためのマーケティング活動を積極的に行ったと紹介されている事例もあった。事例 23・30（アイデアレベルからのマーケティング）、事例 27（積極的な顧客開拓活動）、事例 31（マーケティングにおける知財活用）、事例 34・35（市場をよく知る会社との協業）等であり、初版の事例 3・10・11 でも興味深い活動が紹介されていた。

　3－2．オープンな場・連携（社外連携）も KSF として多く挙げられており、全体の 3 分の 2 の事例で成功要因の一つとされていた。研究開発において、自前主義からの脱却あるいは組織を越えた連携が叫ばれて久しいが、変革の速度が遅い化学産業においても、確実にオープンイノベーションが文化となりつつある。

　産学連携の事例が多く、本書では事例 27・30・35、初版では事例 3・6・7・14・15・19・20 が該当する。事例 27 では、大学との共同開発が事業成功に多いに貢献したことが書かれていた。

　一方、産産連携の事例もある（本書では、事例 34・35、初版では、事例 1・4・5・7・8・16・17・20）。産産のオープンイノベーションは、垂直統合型のタテの連携が主体で、これらの機会がより増えていくと思われる一方、今後、化学産業においてもヨコおよび異業種のオープンイノベーションの事例も取り上げられることを期待したい。

　因みに、最新の経営学では、"アウトソーシングと内製のバランスが取れている企業は経営成績が良い"、"両利きの経営と企業の経営成績との相関に「外部知識利用」という媒介変数が存在する" という知見もあり、社外連携そのものが今後益々増えていくことが予想される。

　また、3－1．オープンな場・連携（社内連携）も、多くの事例で KSF であるとされた。特に商品開発と生産技術開発、生産の連携を挙げる事例が多く見られた（例えば事例 21・26・32）。中でも、事例 21・32 では‘コンカレントエンジニアリング’と称する連携が特徴的に挙げられていた。‘コミュニケーション’は、文中では触れてい

たものがあったものの、KSF とするところがなかったのはやや意外
だった。

　4．組織風土・人材・情熱を KSF として挙げている事例も散見さ
れた。

　本書では、開発の組織文化や風土（事例 31・32・33・34）、研究開
発者やリーダーの資質（事例 21・30）、飽くなき探求心（事例 25）な
どが挙げられており、初版では、事例 9（STEM 四位一体思考）、事
例 11（風土：自由探索＆情熱）、事例 12（過去の実績を参考に企画）、
事例 15（留学）、事例 16（情熱）、事例 19（人材採用）が挙げられて
いた。

　ジム・コリンズ著『ビジョナリーカンパニー 2』では、三つの成功
要因＝「針鼠の法則」の一つに、「情熱」を挙げていたが、ここでは
むしろ少数だった。組織文化は、暗黙知的であり、当事者には気づき
にくいこともあるし、言語化しにくい側面もある。‘イノベーション
を産む土壌’を意識した調査が必要かもしれない。

　1．経営は、当然のことながら、取り上げた事例の 7 割で KSF と
されていた。関与の方法は、開発のサポート、組織整備、設備投資、
戦略（経営／事業／研究開発）、M&A などだった。これらは、研究
開発を事業化する上で必然的な事象なので、7 割で取り上げられてい
たことを多いと取るべきなのか、なぜ全部の事例で KSF とされない
のか、は意見の分かれるところかもしれない。ただ、‘管理’を KSF
に挙げている事例は一例もなかった。

　5－3．知財活用を KSF としていて、知的財産を積極的に活用し
ている事例もある。初版では、事例 3・9・15・20。本書では、KSF
には挙げられなかったが、実際に知財を活用している事例 25・31・
32 などがあった。知財活用の重要性が叫ばれる中で、これらは少な
いかもしれず、特許出願とその活用は企業において当然のこととして
も、知財の積極活用はまだ不十分と言えるかもしれない。

　最後に、“グローバル”。本解析では、キーワードとして取り扱わな

かったが、昨今様々な面で‘国際性’が求められている。研究開発の
成功との関連について調べてみた。本書の事例では 15 件の事例中 13
例で、初版の 20 件の中 16 例で、“グローバル”が何らかの形で登場
していた。‘国際的であること’は、化学産業の研究開発においても
当たり前のことになりつつある。

3. 新規事業ドメインへのチャレンジにおける KSF の特徴

　紹介した事例は、いわゆる‘事業拡大’に類するものが多いが、そ
の企業の新規事業ドメインに挑戦している事例も 12 例あった。本書
では 5 件：事例 31 〜 35、初版で 7 件：事例 3・5・6・10・11・19・
20。これらの事例には、事業拡大と違った KSF の特徴があるのだろ
うか。これら 12 例を取り出し、前項と同様の解析を試みた。

　第 2 項で見てきたように、ほとんどの事例が 5 − 1．商品力・技術
力が挙げられていたが、それ以上に、他の項目が、事業拡大の事例に
比べて、KSF として多く挙げられていた。5 − 2．販売力、1．経営、
2．ニーズ・マーケティング、3 − 2．社外連携などが、事業拡大の
事例に比べて顕著に増えていた。また、本書の五つの事例の内二つの
事例で、KSF として 6 ビジネスモデルを挙げていた（事例 31・33）。

　新事業ドメインへの進出は、商品力や技術力をはじめとして、企業
の総合力がより求められる、と考えるべきかもしれない。

4. 研究テーマ企画における KSF の特徴

　研究テーマの企画は、各企業とも頭を悩ませている。一般的に筋の
良いテーマが企画できれば、次の段階へは比較的進めやすい傾向にあ
ると言われるが、簡単ではない。また‘研究段階’と一括りにするが、
オライリーら著『両利きの経営』に書かれているように、企画と実行
はそれぞれに適した能力を持つ別部隊が担当することを勧めていると
ころもあるほどである。ここでは、本書の“研究テーマの決定に至っ

た経緯”を、研究企画と捉え、KSF の中から特徴的な要因を模索した。

　初版・本書の全事例で、この段階では 88 個の KSF が挙げられた。一つの事例につき 2 〜 3 個の KSF が挙げられていた。テーマの企画は、様々な側面から生まれることは明らかだが、多い項目は順に、2.ニーズ・マーケティング、5 − 1. 商品力・技術力、1. 経営、3 − 2.社外連携となった。

　本稿の第 2 項では全体を通しての KSF 解析を行い、5 − 1. 商品力・技術力が最も多かったことを書いたが、‘テーマの企画’段階では、多くの事例で、まずはニーズやマーケットを十分に考慮しているようである。かつてのように、マーケットやニーズを全く考慮しないで、技術のみからの研究テーマ企画は少なくなってきていると思われる。第 2 項でも紹介したように、テーマの企画において積極的に活動を行った事例には、アイデアレベルからのマーケディング、企画時の市場調査、新規顧客の組織的開拓、潜在顧客との共同などの活動が紹介されていた。

　因みに、テーマの発端が、ニーズかシーズかということについても、厳密には判断が難しいことは承知しているが、読みとれる範囲で調べてみた。初版・本書の事例共に、シーズ出発のテーマが多かった（26件の事例）。中でも、典型的なプロダクトアウト型として事例 29 があり、開発後のニーズ探しの苦労が語られていた。ニーズ出発と判断される事例も 10 件あった（初版：事例 2・6・17・18、本書：事例 22・24・27・28・34・35）。

　テーマの企画では、1. 経営に関する KSF の数が、顕著に多くなっていた。テーマ企画は本来、経営と密接に関連しているものであり、研究開発が独立では成り立たないことも示唆している。

　また、テーマの企画段階においても、オープンイノベーションが機能している事例も複数見られて大変興味深い（本書事例 24・30・35）。

　とはいえ、企画段階での KSF が、我々が当初予想したほど、全体

を通してのものと大きな違いはなかった。このような結果になったのは、ほとんどの事例で、事例紹介者がテーマの企画者ではなく、開発遂行者であることに関係するかもしれない。従来遂行者は開発段階の苦労に目が行きがちだと言われており、テーマ企画やマーケティングへの言及が本書の事例で少ないのもその表れかもしれない。

　テーマ企画は非常に重要であり、その段階におけるマネジメント上の特徴を明らかにすることは大事なことである。そのためには、研究開発からの事業化成功事例において、'企画者'へのインタビューやヒヤリングを行うことで、企画段階における KSF をより明らかにできるのではないかと考えている。

参考文献
1)　清水 洋,『イノベーション』, 有斐閣 (2022年9月)
2)　ジム・コリンズ,『ビジョナリーカンパニー②飛躍の法則』, 日経BP社 (2001年12月)
3)　オライリー他,『両利きの経営 (増補改訂版)』, 東洋経済新報社 (2022年7月)

索引

ア行

カ行

サ行

タ行

マ行

ヤ行

ラ行

図索引

第2部

表索引

参考文献

1) 『化学工業の発展と歴史　西日本, わが社の逸品　化学工業日報社　大阪支社開設65周年企画』, 化学工業日報社 (2012年)

2) ①一般社団法人日本化学工業協会, 『グラフで見る日本の化学工業2022』, (2023年1月)
②『ケミカルビジネス情報MAP　2018』, 化学工業日報社 (2017年11月)
③橘川武郎, 平野 創, 『化学産業の時代』, 化学工業日報社 (2011年)
④稲葉和也, 橘川武郎, 平野 創, 『コンビナート統合　日本の石油・石化産業の再生』, 化学工業日報社 (2013年)

3) ①橘川武郎他, 「シェール革命のインパクト」, 『化学経済』3月号, 化学工業日報社 (2014年)
②菅原泰広, 「M＆Aの動向から見た化学業界の将来シナリオ」, 『化学経済』12月号, 化学工業日報社 (2016年)
③公益社団法人日本化学会, 『30年後の化学の夢　ロードマップ』, 日本化学会 (2012年)
④田村昌三, 『化学プラントの安全化を考える』, 化学工業日報社 (2014年)
⑤松島 茂, 株式会社ダイセル, 『ダイセル生産革新はこうして生まれた　21世紀のモノづくりイノベーション』, 化学工業日報社 (2015年)
⑥永島 学, 「IoT時代を支える材料として期待されるスマートマテリアル」, 『化学経済』9月号, 化学工業日報社 (2016年)
⑦中島崇文, 「高機能材料におけるビジネスモデル変革」, 『化学経済』12月号, 化学工業日報社 (2016年)

4) 渡加裕三, 『−化学産業を担う人々のための−実践的研究開発と企業戦略 (改訂版)』, 化学工業日報社 (2017年4月)

5) 日本経済新聞 朝刊, 2020年12月26日付け, ダイセル社記事など

6) 寺本義也, 山本尚利, 『MOTアドバンスト技術戦略』, 日本能率協会マネジメントセンター (2003年)

7) 有機合成化学協会, 日本プロセス化学会, 『企業研究者たちの感動の瞬間』, 化学同人 (2017年3月)

8) 桑原 裕, 安倍忠彦, 『MOT技術経営の本質と潮流』, 丸善 (2006年)

9) 渡加裕三, 『−化学産業を担う人々のための−実践的研究開発と企業戦略』, 化学工業日報社 (2010年7月)

10) 経済産業省製造産業局化学課機能化学品室, 「機能性素材産業政策の方向性」 (2015年6月)

11) みずほ銀行産業調査部, 『日本産業の動向＜中期見通し＞』 (2015年12月)

12) J.ロックストローム, M.クルム, 『小さな地球の大きな世界〜プラネタリー・バウンダリーと持続可能な開発』, 丸善出版 (2018年8月)

13) M.E.ポーター, 『競争優位の戦略』, 土岐 坤ら 訳, ダイヤモンド社 (1985年)

14) 藤末健三, 『技術経営入門』, 日経BP社 (2004年)

15) 中島崇文, 青嶋 稔, 「化学産業における事業開発モデル」, 『知的資産創造』3月号, 野村総合研究所 (2017年)

16) M.E.ポーター, 『競争の戦略』, 土岐 坤ら 訳, ダイヤモンド社 (1982年)

17) H.チェスブロウ『オープンイノベーション』, PRTM 監訳, 長尾高弘 訳, 英治出版 （2008年）
18) 出川 通, 『MOTがよ〜くわかる本』, 秀和システム（2005年）
19) 村井啓一, 『創発人材をさがせ　イノベーションを興す』, 日本経済新聞出版社 （2011年）
20) 特許庁,「産業財産権標準テキスト　総合編　第5版」（2019年3月）
21) Dr. A. Warnerら,「新規製品の研究開発から海外市場投入までの新手法」,『化学経済』8月号, 化学工業日報社（2015年）
22) 経済産業省,「知的財産の取得・管理指針」（平成15年3月14日）
23) 知的財産研究所,「企業等の知的財産戦略の推進に関する調査研究報告書」, pp1〜241（2011年）
24) 百瀬 隆,「知財活動チームを母体とした新たな三位一体の知財活動の提唱について」,『知財管理』, Vol.65, No.12, pp.1660〜1670, 日本知的財産協会（2015年）
25)「わが社の知財活動」,『知財管理』, Vol.66, No.9, pp.1207〜1208, 日本知的財産協会（2016年）；著者名が明記されていないが, 百瀬 隆が執筆
26) 百瀬 隆,「三位一体の知財活動チームによる知識創造について」,『知財管理』, Vol.68, No.7, pp.870〜880, 日本知的財産協会（2018年）
27) 百瀬 隆,「知財戦略を強化する組織づくり」,『経営・事業戦略に貢献する知財価値評価と効果的な活用法』第4節, 技術情報協会（2021年）
28) McKinsey & Company,「Chemical Innovation : An investment for ages」 （2013年5月）
29) 常見和正,「宇部興産の化学事業開発を振り返って」,『講演要旨集』, 日本化学事業開発協会（1999年）
30) ロバート・G・クーパー,『ステージゲート法　製造業のためのイノベーション・マネジメント』, 浪江一公 訳, 英知出版（2012）

執筆者紹介

第1部　執筆者一覧（執筆担当順）

渡加 裕三（とが ゆうぞう）　［執筆担当：第1章〜第3章、第5章、第6章］
編集委員一覧　参照

小林 幸哉（こばやし ゆきや）　［執筆担当：第1章〜第3章］
編集委員一覧　参照

山田 光昭（やまだ みつあき）　［執筆担当：第1章〜第3章、第7章］
編集委員一覧　参照

高橋 郁夫（たかはし いくお）　［執筆担当：第3章3-7.］
1985年3月東京農工大学大学院工学研究科高分子合成専攻修士課程修了、MTインターナショナル・コンサルタント代表、金沢大学特命教授、大阪大学基礎工学部非常勤講師を兼任、元㈱ダイセル 総合研究所長、執行役員事業創出本部副本部長、イノベーション・パーク所長を歴任

百瀬　隆（ももせ たかし）　［執筆担当：第4章］
1979年東京工業大学理工学研究科化学工学専攻修士課程修了、工学博士（東京工業大学）（論文博士）、百瀬知財・人材コンサルティング代表、三菱UFJリサーチ&コンサルティング㈱統括担当者、金沢工業大学大学院客員教授、大阪大学基礎工学部・大阪公立大学非常勤講師、元㈱ダイセル知的財産センター長

長嶋 太一（ながしま たいち）　［執筆担当：第8章］
編集委員一覧　参照

上田 澄廣（うえだ すみひろ）　［執筆担当：第9章］
1970年熊本大学工学部電気工学科卒業、兵庫県立大学産学連携・研究推進機構特任教授兼リサーチ・アドミニストレーター、元川崎重工業㈱執行役員技術開発本部副本部長兼システム技術開発センター長、システム制御情報学会論文賞・奨励賞、社団法人発明協会発明奨励賞、日本ロボット学会実用化技術賞などを受賞

近藤 忠夫（こんどう ただお）（故人）

（執筆担当：初版第1章、第2版ではそれを基本に加筆修正）

1973 年京都大学大学院工学研究科合成化学専攻博士課程修了、工学博士（京都大学）、元㈱日本触媒代表取締役社長、近畿化学協会会長、関西化学工業協会会長、日本化学会副会長などを歴任、初版発刊（2018 年 10 月）後の 2020 年4月に逝去

第2部　執筆者一覧（事例掲載順）

緒言、全事例の KSF の解析 – 傾向と特徴：古宮 行淳（こみや ゆきあつ）

編集委員一覧　参照

事例 21
事例紹介者：関　航平（せき こうへい）

1997 年北海道大学大学院地球環境科学研究科物質環境科学専攻修士課程修了、同年住友化学工業㈱（現 住友化学㈱）入社、石油化学品研究所、基礎化学品研究所を経て、現在、エッセンシャルケミカルズ研究所グループマネージャー、触媒学会賞、化学工学会賞受賞

事例 22
事例紹介者：宮﨑 敦史（みやざき あつし）

2009 年名古屋大学生命農学研究科応用分子生命科学専攻博士前期課程修了、同年花王㈱入社、素材開発研究所（現マテリアルサイエンス研究所）属属、2022 年主任研究員、12th World Surfactant Congress（CESIO2023 Rome）, Oral presentation Technical & Applications award 受賞

事例 23
事例紹介者：三木 英了（みき ひであき）

1992 年東京工業大学総合理工学研究科電子化学専攻修士課程修了、博士（工学）（山口大学）、同年日本化薬㈱入社、石化用触媒の改良研究等に従事、1997 年日本化薬㈱退社、日本ゼオン㈱入社、主として単一化合物の新製造プロセス開発に従事、有機合成化学協会技術賞、石油学会技術賞をそれぞれ受賞、現在、日本ゼオン㈱創発推進センターPJ-5 リーダー、宇都宮大学工学部基盤工学科教授を兼任

事例 24
事例紹介者：森下　健（もりした けん）

2004 年岐阜大学大学院工学研究科応用精密化学専攻修士課程修了、同年第一工業製薬㈱入社、研究開発業務に従事、2018 年～研究開発本部研究カンパニー部難燃剤樹脂添加剤グループ長

事例 25
事例紹介者：熊　涼慈 （くま りょうじ）
1999 年京都大学大学院工学研究科分子工学専攻修士課程修了、博士 (工学) (京都大学) (論文博士)、同年㈱日本触媒入社、主に触媒研究開発業務に従事、2023 年 GX 研究本部環境触媒研究部グループリーダー、近畿化学協会環境技術賞・触媒工業協会技術賞受賞

事例 26
事例紹介者：井上　聡 （いのうえ さとし）
1999 年大阪大学大学院工学研究科物質化学専攻博士前期課程修了、博士 (工学) (関西大学)、同年ダイソー㈱ (現 ㈱大阪ソーダ) に入社、主に研究開発業務に従事、2006 年〜アリル化合物関連の研究開発に従事

事例 27
事例紹介者：前田　貴広 （まえだ たかひろ）
1997 年満栄工業㈱に入社、2011 年代表取締役社長に就任、2015 年には本プロジェクトのきっかけになった化学工業日報社主催の中国視察団に参加、2019 年盛和塾合同勉強会にて経営体験を塾生代表として発表、現在は国際協力機構 (JICA) に採択されカンボジアをはじめ新興国諸国へも事業アプローチを進めている

事例 28
事例紹介者：森　達哉 （もり たつや）
1985 年名古屋大学大学院理学研究科化学専攻博士後期課程中退、博士 (農学) (東京大学) (論文博士)、同年住友化学工業㈱ (現 住友化学㈱) 入社、健康・農業関連事業研究所勤務、一貫して農薬・家庭防疫薬の探索研究に従事、2004 年〜 2005 年米国ルイビル大学博士研究員、2018 年健康・農業関連事業研究所フェロー、2022 年〜同スペシャリスト (現職)、日本農薬学会業績賞、日本化学会化学技術賞受賞

事例 29
事例紹介者：清水 哲男 （しみず てつお）
1970 年京都大学工学部高分子化学科卒業、博士 (工学) (岐阜大学)、同年ダイキン工業㈱入社、化学事業部でフッ素樹脂の研究開発に従事、基礎研究室長、研究開発部長、テクノロジー・イノベーションセンター推進室技術企画専任部長などを経て、2012 年退職、高分子学会フェロー、近畿化学協会化学技術賞受賞

事例 30
事例紹介者：古宮 行淳 （こみや ゆきあつ）
編集委員一覧　参照

298

事例 31
事例紹介者：吉野　巌 <small>（よしの いわお）</small>

三井物産㈱（化学品本部）退職後、米国にてベンチャーやコンサルティングに従事、2007 年 8 月マイクロ波化学㈱設立、代表取締役社長 CEO（現任）、1990 年慶應義塾大学法学部法律学科卒、2002 年 UC バークレー経営学修士（MBA）、技術経営（MOT）日立フェロー

事例 32
事例紹介者：西川 和良 <small>（にしかわ かずよし）</small>

1991 年大阪大学大学院理学研究科有機化学専攻博士前期課程修了、博士（理学）（姫路工業大学）、同年ダイセル化学工業㈱（現 ㈱ダイセル）入社、評価解析センターや開発部門において新規製品開発やプロセス開発を担当し、2011 年から研究開発本部コーポレート研究センター精密加工グループにてウェハーレンズプロセス開発に従事、上席技師

事例 33
事例紹介者：山田 光昭 <small>（やまだ みつあき）</small>

編集委員一覧　参照

事例 34
事例紹介者：橋川 尚弘 <small>（はしかわ なおひろ）</small>

2001 年大阪府立大学大学院工学研究科物質系専攻化学工学分野修士課程終了、同年ダイセル化学工業㈱（現 ㈱ダイセル）入社、研究開発・プロセス開発に従事、CPI カンパニー、研究開発本部勤務を経て 2023 年 ~ ライフサイエンス SBU ファーマテック BU ライフサイエンス研究開発センター主任研究員、近畿化学協会化学技術賞受賞、粉体工学会製剤と粒子設計部会技術賞受賞

事例 35
事例紹介者：天野 善之 <small>（あまの よしゆき）</small>

1983 年広島大学大学院工学研究科修士課程修了、同年三洋化成工業㈱入社、主に診断薬、医療機器開発業務に従事、2012 年医療産業分社長、2017 年バイオ・メディカル事業本部副本部長（製造・信頼性保証統括）、2023 年退職、高分子学会賞受賞

編集委員一覧（五十音順）

長嶋 太一（ながしま たいち）

2000年東京工業大学大学院理工学研究科化学工学専攻修士課程修了、同年大阪ガス㈱に入社、表面加工技術の研究開発業務に従事、2008年関係会社大阪ガスケミカル㈱に出向、多環芳香族をはじめとするファインケミカル製品の事業化に従事、ファイン材料事業部営業推進室、開発部長、製造部長、事業部長、台湾大阪瓦斯化学股份有限公司董事などを経て2019年執行役員、2022年より執行役員フロンティア マテリアル研究所長、DX 研究会会長、大阪工研協会工業技術賞受賞

山田 光昭（やまだ みつあき）

1987年大阪市立大学大学院工学研究科応用化学専攻前期博士課程修了、博士（工学）（大阪市立大学）（論文博士）、同年大阪ガス㈱入社、2014年理事、2004年大阪ガスケミカル㈱出向、2009年取締役ファイン材料事業部長、フロンティア マテリアル研究所長を歴任、2017年取締役常務執行役員 CTO 兼知的財産部長

【関連書籍案内】

研究開発の立案から事業化まで―
現場の視点による実践的テキスト

化学産業を担う人々のための
実践的 改訂版
研究開発と
企業戦略

渡加 裕三　著

ISBN978-4-87326-683-1

A5判／324ページ／定価：本体2,500円＋税（送料別）　2017年4月25日 発行

　世界市場において日本の国際競争力の低下傾向が続いており、製造業のシェアは年々低下、化学産業においてもここ四半世紀の間に世界の化学工業の構造は大きく変化しました。

　本書は、経営戦略の立案から工業化・事業化に至るまで一貫した企業活動における研究開発活動との関わり合いが理解できるよう、①研究開発テーマの決定・実行・マネジメントの手法、②リーダーに求められる資質・能力・役割を含む人材育成、③研究開発の推進、知的財産、成果と評価などを「現場の視点」から実践的に解説。また、経営・企業戦略をより効果的に立案するために、グローバル化に伴う欧米・日本の化学企業の変貌と動向、直面する課題や目指すべき方向についても触れています。

　企業で活躍する研究者、技術者や人材育成に携わる実務者、大学生や技術系大学院生などの必読書です。

【目次】

化学産業における実践的MOT　第2版
事業化成功事例に学ぶ

2024年4月2日　初版1刷発行
2024年7月23日　初版2刷発行

編著者　　一般社団法人　近畿化学協会 化学技術アドバイザー会
　　　　　　技術経営（MOT）研究会
発行者　　佐　藤　　豊
発行所　　株式会社化学工業日報社
　　　　　〒103-8485　東京都中央区日本橋浜町3-16-8
電話　　　03（3663）7935（編集）
　　　　　03（3663）7932（販売）
振替　　　00190-2-93916
支社　大阪　支局　名古屋、シンガポール、上海、バンコク

印刷・製本：昭和情報プロセス㈱
DTP：㈱創基
カバーデザイン：田原佳子
ISBN978-4-87326-769-2　C3034

目 次